財務報表審計模擬實訓

（第二版）

主　編/張琴
副主編/王曉、陳茜

財經錢線

序

培養適合現代社會需要的創新型人才一直是高等教育改革的宗旨。就全國財經類院校而言，大部分院校都開設了獨立審計專業。但是長期以來，高校對審計人才的培養和社會對審計人才的需求之間存在較明顯的矛盾。這與現階段審計人才的教育觀念、培養模式、教學方法、教材滯後等有關。

財務報表審計是審計的重要內容，具有技術性、應用性的特點。在教學中，教師不僅應讓學生掌握各種系統抽象的理論知識，更應該鍛煉學生實際查帳的動手能力。但在高校"財務報表審計"課程教學中仍然存在"重理論、輕實踐"、教學方式單一、教學氛圍沉悶等問題。究其原因，一方面是審計實踐教學環境和條件不足；另一方面是審計實訓教材與審計理論的脫節。

財務報表審計教材在市場上並不罕見，但絕大部分都重理論，實訓類偏少，而現有的審計實訓教材大多也只停留在習題冊層面，不能讓學生接觸財務報表審計真實情形，所以"識別重大錯報、重要性"等概念永遠停留在抽象、枯燥的界定中。全真模擬報表審計的教材則更是鳳毛麟角。

該書思路嚴謹、結構緊湊、審計情形設計合理、錯報的設計符合現實企業情形，運用性強。該書的出版對現有審計實訓教材的不足是一種很好的彌補，對改善審計學課堂教學效果無疑意義重大。

馮建

第二版前言

《財務報表審計模擬實訓》自2013年出版以來，得到了用書單位老師和學生的好評，同時也收到了一些老師和學生反饋的寶貴意見，在此本人表示深深的感謝。根據各方的意見和建議，以及營業稅改增值稅後的經濟環境，本書對部分內容作了補充修訂，希望為審計學的講授法和案例教學法提供更好的實務指導。

本教材可以幫助學生快速建立對審計的感性認識。本教材全真模擬一個中小型製造企業的經濟業務活動，證、帳、表具有高度的仿真性，資料精煉齊全；並通過各種審計情形的設定，讓學生在較短時間內理解審計的抽象概念、帳務報表審計基本的方法，熟悉審計流程並能準確填寫審計工作底稿。從理論到實踐，實踐之後迴歸審計理論的學習，無疑會降低審計學課程知識“反生率”的比例。學生在理論學習的過程中，運用審計原則和方法，親自動手審計，不僅可以培養學生發現問題、分析問題和解決問題的能力，還可提高學生質疑的職業素養，在實踐中理解理論知識，縮短了理論和實踐的距離。

本教材還可以作為審計專業本、專科的實訓教材，教師通過選取各種審計情形，讓學生體會不同審計情形下獲取的審計證據、得出的審計結論、完成的審計報告之間的緊密聯繫。教師在實踐教學過程中保持主動地位，根據整個教學計劃在適當的時候安排學生實踐，根據需要靈活設計實踐教學的內容，使實踐教學的資源掌控在教師手中，從而使得教學與實踐緊密結合。

最後，歡迎各位讀者指正。

編者

目錄

第三部分　被審計單位會計資料及其他資料

第四部分　實質性工作底稿

第一部分
被審計單位基本資料

被審計單位基本資料

一、被審計單位簡介

被審計單位綿陽天府有限責任公司（以下簡稱“天府公司”），是2000年在江油工業開發區成立的一家股份制企業。天府公司資產總額為6,700萬元，職工近300人，致力於高溫真空爐用隔熱碳材料的研製和生產，是集科研、試驗、生產一體化的企業。該企業基於該產品至今未形成國家標準，以及30多年來未走出實驗室的現狀，在參照西方同類產品標準的基礎上，在專項資金的支持下，歷經九年的試驗，投資近500萬元，完成了對舊工藝的根本性改造，形成了具有自主知識產權的一整套新的生產工藝，開發出五大類產品，步入了產業化階段。

地址：四川省江油市工業開發區會昌西路98號　　　郵編：621000

電話：0816—3751226　　　傳真：0816—3751227　　　聯繫人：王豪

電子郵箱：mytfdl@163.com　　網址：www.shengdagraphite.com

二、行業狀況

碳和石墨製品在耐火、導電、耐腐蝕方面是不可或缺的產品，並且碳和石墨材料的熱膨脹系數小，耐急冷急熱性好，所以可以用作玻璃器皿的鑄模和黑色金屬及有色金屬或稀有金屬的鑄模。用石墨鑄模得到的鑄件，尺寸精確，表面光潔，不加工即可直接使用或只要稍加工就可使用，因而節省了大量金屬。生產硬質合金（如碳化鎢）等粉末冶金工藝，通常用石墨材料加工壓模、燒結用的器皿。石墨因為具有良好的中子減速性能，最早用於原子反應堆中作為減速材料。石墨反應堆是目前較多的一種原子反應堆。原子反應堆用的石墨材料必須具有極高的純度。一些經過特殊處理的石墨（如在石墨表面滲入耐高溫的材料）及再結晶石墨、熱解石墨，具有在極高溫度下較好的穩定性及較高的強度重量比。所以，它們可以用於製造固體燃料火箭的噴嘴、導彈的鼻錐、宇宙航行設備的零部件。

碳氈、石墨氈行業發展呈現以下特點：

（1）在節能減排、低碳經濟建設的發展趨勢下，隨著汽車工業的快速發展，具有儲能功能的碳產品有著廣闊的市場前景。

（2）中國碳製品行業存在能耗大、技術落後等不足，市場競爭激烈。

（3）碳製品行業資金拖欠的現象比較嚴重。

（4）行業毛利率數據如下：

行業毛利率數據

項目	石墨氈	碳氈	碳板
毛利率	43%	41%	37%

三、所有權結構

天府有限責任公司最終控制人為自然人張道遠，股權關係如下：

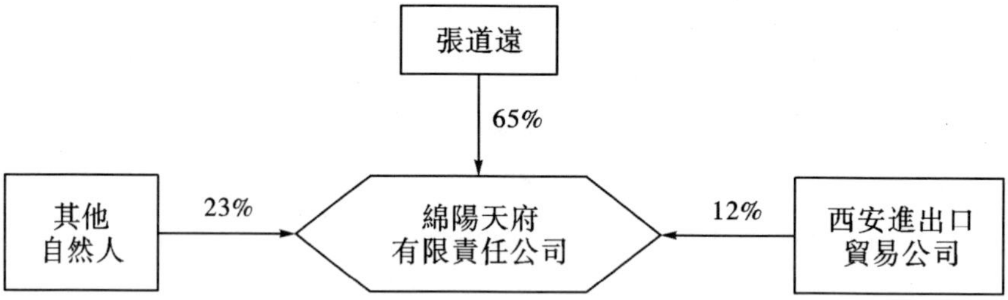

綿陽天府有限責任公司股權關係

四、公司治理結構

天府有限責任公司權力機構為股東會，只設立一名執行董事張道遠，設立監事會（3人），成員有職工代表董麗君，西安進出口貿易公司代表顧旭，其他自然人代表張宏九。

五、公司組織結構

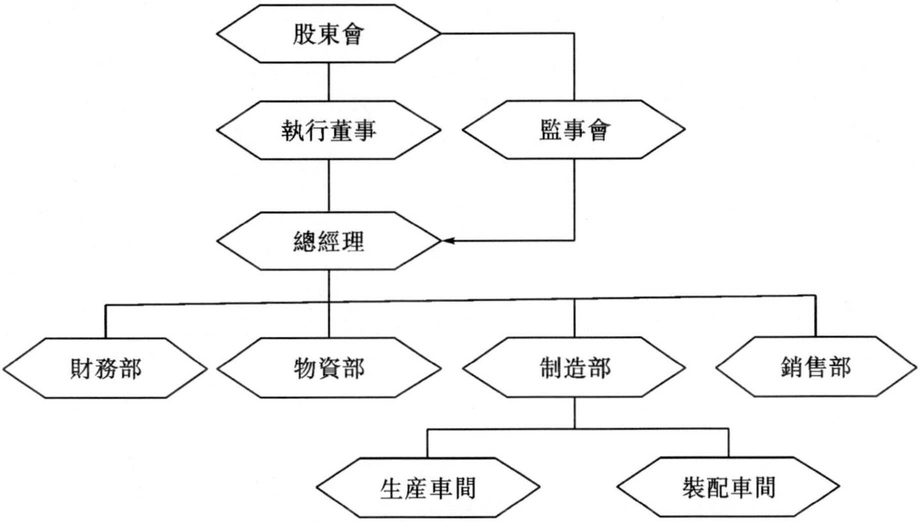

公司組織結構

六、高級管理人員和員工情況

1. 管理層關鍵人員

管理層關鍵人員

職位	姓名
執行董事兼總經理	張道遠
財務部經理	李飛
銷售部經理	張西西
製造部經理	杜金剛
物資部經理	甘甜甜

2. 財務部主要人員

財務部主要人員

職位	姓名
會計（主管）	王唯
會計	王蕭蕭
稽查	王唯
報稅	周國正
出納	趙麗

七、公司經營狀況

2013 年第四生產線完工投產，截至 2013 年年底，主要產品國內市場佔有率為 13%。為了鞏固市場份額，公司嚴格控制成本，緊抓產品質量。公司產品質量過硬，退貨率較低，受到市場的一致好評。由於產品市場需求供不應求，不同規格的產品提價幅度為 2%~5%。

八、開戶銀行資料

開戶銀行資料

開戶銀行	帳號	帳戶性質
中國農業銀行江油支行	248110054307456	基本帳戶
中國建設銀行江油支行	220803223590657	一般帳戶

九、稅務資料

納稅人識別號：510781780000067

主管稅務機關：江油工業開發區國稅局分局　江油工業開發區地稅分局

營業執照註冊號：510700306454257

稅務資料

稅種	稅率（%）
1. 增值稅（一般納稅人）	17
2. 所得稅	25
3. 城市維護建設稅	7
4. 教育費附加	3
5. 地方教育費附加	0.1

十、往來單位資料

往來單位資料

主要客戶名稱	地址	郵編	電話	備註
深圳遠大公司	深圳左庭右院 18 號	518000	0755—88468356	良好
四川華龍公司	西玉龍街 201 號玉龍大廈 3 樓	610000	028—86249234	良好
成都藍天機械	成都成華區 48 號	610000	028—88170923	良好
昆明瑞地	昆明街道 87 號	650000	0871—83590143	良好
華島華硅	上海路 23 號	266000	0532—81452793	良好
青島永昌新材料公司	青海路 35 號	266000	0532—82560912	良好
長沙賓林科技公司	長沙侯家塘街道 9 號	410000	0731—83113879	良好
主要供應商名稱	地址	郵編	電話	備註
鄭州吉化公司	鄭州中州大道以東三條路段	450000	0371—83479821	良好
綿陽氣材有限責任公司	綿陽市高新區 76 號	621000	0816—2589700	良好
石家莊新材料有限責任公司	石家莊中正路 35 號	050000	0311—87824590	良好
肇慶華潤有限責任公司	肇慶市鼎湖區桂城街 16 號	526000	0758—8634512	良好
德陽耗材有限責任公司	德陽瀧江路 6 號	618000	0838—2226723	良好
德陽開源有限責任公司	德陽中瀾路 78 號	618000	0838—2229865	良好

十一、會計政策與財務情況

1. 會計準則

公司執行企業會計準則、《企業財務通則》。

2. 記帳本位幣

公司記帳本位幣和編製財務報表所採用的貨幣均為人民幣。

3. 會計計量所運用的計量基礎

編製財務報表時，均以歷史成本為計價原則。

4. 應收帳款的壞帳準備

公司採用直接轉銷法處理應收帳款的壞帳，有確鑿證據時直接轉銷應收帳款。

5. 存貨

存貨盤存制採用永續盤存制。

發出存貨時採用全月一次加權平均法確定。

未對存貨計提存貨跌價準備。

6. 固定資產

固定資產折舊均採用直線法，並根據固定資產類別，預計使用壽命和預計殘值率確定其折舊率。

2014 年 1 月固定資產沒有增減變動。

第二部分

模擬實訓情形假設

模擬實訓情形假設

由於篇幅有限，被審計單位的會計資料只提供了一個月的資料，因此只模擬月報審計。在進行實訓操作時，教師可以指導學生以"月"當"年"，實踐審計流程。本實訓重點在風險評估和實質性程序上，針對報表層次重大錯報風險採取總體應對措施；針對認定層次重大錯報風險，設計與實施進一步審計程序，收集審計證據。指導教師可以靈活設定審計情形，指導學生根據不同的情形進行審計。

一、情形設定與參考資料

（1）審計主體為五聯會計師事務所（地址：綿陽警鐘街 32 號，郵編：621000，聯繫人：周秦）。

（2）2013 年 12 月 12 日，五聯會計師事務所接受委託，按《中國註冊會計師審計準則》對綿陽天府有限責任公司根據《企業會計準則》（財政部 2006 年 2 月 15 日）編製的 2014 年 1 月財務報表（包括資產負債表和利潤表）進行審計。

（3）註冊會計師確定可以接受的審計風險水平為 2%。

（4）註冊會計師確定報表層次重要性水平的基準及比例為資產總額的 0.2%。

（5）2014 年 2 月 20 日提交審計報告。

二、關於審計對象的情形設定

1. 金庫一個

庫存現金面值明細表

2014 年 1 月 31 日

面值	張數	金額（元）
一百元	100	10,000.00
五十元	80	4,000.00
二十元	40	800.00
十元	10	100.00
五元	5	25.00
一元	6	6.00
五角	2	1.00
貳角	5	1.00
一角	6	0.60
一分	2	0.02
合計	256	14,933.62

借條一張

借條
現借得綿陽天府有限責任公司人民幣捌佰元整。
趙麗
2014 年 1 月 28 日

2. 庫存商品庫一個

庫存商品數量明細表

2014 年 1 月 31 日

名稱	單位	數量
碳板	件	53
石墨氈	件	146
碳氈	件	165
碳繩	件	150

3. 原材料庫一個

原材料數量明細表

2014 年 1 月 31 日

名稱	單位	數量
長纖維	噸	70
短纖維	噸	103
加熱管	套	91
石墨棒	噸	42
石墨套管	件	28
石墨螺栓	件	24
量檢具	件	195
刀具	套	280
夾具	套	130
氮氣	瓶	820
氫氣	瓶	20

4. 低值易耗品

低值易耗品數量明細表

2014 年 1 月 31 日

種類	計量單位	結存數量
文件櫃	組	200
辦公桌	個	200
辦公椅	把	500
複印機	臺	20
工作服	套	200

5. 固定資產

主要固定資產數量明細表

2014 年 1 月 31 日

名稱	單位	實際結存數量	帳面結存數量
辦公樓	棟	1	1
廠房	座	2	2
庫房	座	2	2
切割機	臺	3	3
lszk 爐操作中心	套	1	1

假定：

（1）固定資產與無形資產權屬清晰，產權證書齊全、真實。

（2）天府公司無與關聯方交易。

三、關於審計過程的情形設定

（1）本次審計為首次接受委託對天府公司進行的審計，天府公司 2013 年 12 月的財務報表由安信會計師事務所審計。本所已就天府公司 2013 年 12 月審計事項與前任會計師事務所進行溝通，評價了其專業勝任能力以及獨立性，結果令人滿意。本所通過與前任註冊會計師溝通，取得並閱讀了上一期審計報告，已證實：財務報表 2014 年 1 月初餘額不存在對本期財務報表有重大影響的錯報和漏報。因此，本次審計不專門對天府公司財務報表的期初數進行全面審計。

（2）在審計業務約定書中沒有約定提供管理建議書。

（3）2014 年 1 月 31 日監盤庫存現金。

（4）2014 年 1 月 31 日監盤存貨。

（5）2014 年 2 月 4 日觀察固定資產。

（6）2014 年 2 月 3 日函證應收帳款、應付帳款以及銀行存款。

關於外部第三方函證結果的情形設定，指導教師可以結合教學情況，指導學生分組或依次輪流模擬以下幾種情況：①函證結果相符；②函證結果不符；③無法執行函證，但可以執行替代審計程序。

關於銀行函證結果可以設定以下幾種情況：函證結果相符，函證結果不符（若回函金額與銀行對帳單金額不符，則作如下設計：經與銀行進一步溝通，檢查是否有未達帳項，如果沒有未達帳項，進一步檢查原因）。

四、關於審計結論的情形設定

（1）2014 年 2 月 18 日註冊會計師完成審計工作，獲取了充分適當的審計證據，足以對已審報表發表審計意見。

①對發現的所有應予以調整和披露的事項，被審計單位均同意調整或披露。

②對發現的所有應予以調整和披露的事項，被審計單位部分或完全不接受調整建議。此時應評估未更正錯報影響是否重要及其重要程度。

（2）還可以審計審計範圍受到嚴重限制的情形。

第三部分

被審計單位會計資料及其他資料

被審計單位會計資料及其他資料

一、財務報表

資產負債表

單位名稱：綿陽天府有限責任公司　2014 年 01 月 31 日　　　　單位：元

資產	年初數	期末數	負債及所有者權益	年初數	期末數
流動資產：			流動負債：		
貨幣資金	4, 535, 680. 93	4, 440, 235. 36	短期借款		
短期投資	100, 000. 00	100, 000. 00	應付票據		
應收票據			應付帳款	2, 845, 490. 00	2, 631, 969. 33
應收帳款	6, 198, 980. 48	6, 454, 213. 48	預收帳款	8, 000. 00	8, 000. 00
減：壞帳準備			其他應付款	2, 684, 960. 52	2, 683, 960. 52
應收帳款淨額	6, 198, 980. 48	6, 454, 213. 48	應付職工薪酬	662, 940. 14	320, 380. 14
預付帳款	1, 265, 660. 09	1, 264, 349. 11			
應收補貼款			未交稅金	33, 093. 05	191, 566. 37
其他應收款	1, 820, 930. 93	1, 829, 230. 93	未付利潤		
存貨	12, 905, 790. 94	12, 518, 051. 07	其他未交款		
待處理流動資產淨損失			一年內到期的長期負債		
一年內到期的長期債券投資			其他流動負債		
其他流動資產			流動負債合計	6, 234, 483. 71	5, 835, 876. 36

續表

資產	年初數	期末數	負債及所有者權益	年初數	期末數
流動資產合計	26,827,043.37	26,606,079.95	長期負債：		
			長期借款	18,850,000.00	18,850,000.00
			應付債券		
固定資產：			長期應付款		
固定資產原價	19,914,840.12	19,914,840.12	其他長期負債		
減：累計折舊	8,762,110.86	8,890,740.02	其中：住房週轉金		
固定資產淨值	11,152,729.26	11,024,100.10			
固定資產清理			長期負債合計	18,850,000.00	18,850,000.00
在建工程	22,302,030.98	22,302,030.98	遞延稅項：		
待處理固定資產淨損失			遞延稅款貸項		
固定資產合計	33,454,760.24	33,326,131.08	負債合計	25,084,483.71	24,685,876.36
無形資產及遞延資產：			所有者權益：		
無形資產	5,523,080.65	5,523,080.65	實收資本	24,231,900.00	24,231,900.00
遞延資產	1,287,040.00	1,287,040.00	資本公積	5,041,220.40	5,041,220.40
			盈餘公積		
無形資產及遞延資產合計	6,810,120.65	6,810,120.65	其中：公益金		
其他長期資產：			未分配利潤	12,734,320.15	12,783,334.92
其他長期資產			所有者權益合計	42,007,440.55	42,056,455.32
遞延稅項：					
遞延稅款借項					
資產總計	67,091,924.26	66,742,331.68	負債及所有者權益總計	67,091,924.26	66,742,331.68

利潤表

單位名稱：綿陽天府有限責任公司　　2014 年 01 月　　單位：元

項　　目	行次	本 月 數	本年累計數
一、營業收入	1	1,880,470.09	1,880,470.09
減：營業成本	2	1,701,463.83	1,701,463.83
營業稅金及附加	3	17,473.79	17,473.79
銷售費用	4	45,000.00	45,000.00
管理費用	5	67,500.70	67,500.70
財務費用	6	17.00	17.00
資產減值損失	7		
加：公允價值變動淨收益	8		
投資收益	9		
二、營業利潤	10	49,014.77	49,014.77
加：營業外收入	11		
減：營業外支出	12		
三、利潤總額	13	49,014.77	49,014.77
減：所得稅費用	14		
四、淨利潤	15	49,014.77	49,014.77

二、部分日記帳、明細帳

現金日記帳

2014 年 1 月 31 日　　單位：元

憑證字號	摘要	對方科目	借方金額	貸方金額	餘額方向	本位幣餘額
	上年結轉				借	660,810.60
記—3	支付 2013 年 12 月工資	應付工資		611,620.00	借	49,190.62
記—6	王蕭蕭報銷	管理費用——辦公費		19,457.00	借	29,733.62

續表

憑證字號	摘要	對方科目	借方金額	貸方金額	餘額方向	本位幣餘額
記—10	領用勞保用品	製造費用 ——勞保		15,920.00	借	13,813.62
記—11	發放 春節職工福利	管理費用 ——職工福利費		4,080.00	借	9,733.62
記—17	代扣 員工個人社保	其他應收款 ——員工社保	6,000.00		借	15,733.62
	本日合計		6,000.00	651,077.00	借	15,733.62
	本期合計		6,000.00	651,077.00	借	15,733.62

銀行存款日記帳——農業銀行

2014 年 1 月 31 日　　單位：元

憑證字號	摘要	對方科目	借方金額	貸方金額	餘額方向	本位幣餘額
	上年結轉				借	3,874,870.00
記—1	張西西 借備用金	其他應收款 ——張西西		14,300.00	借	3,860,570.00
記—2	收到 深圳遠大欠款	應收帳款 ——遠大公司	56,000.00		借	3,916,570.00
記—3	支付 2013 年 12 月工資	應付工資		41,937.00	借	3,874,633.00
記—5	交納 2013 年 12 增值稅	應交稅費 ——應交增值稅 ——未交增值稅		14,260.00	借	3,860,373.00
記—7	收到華島華硅貨款	應收帳款——華島華硅公司	1,000,000.00		借	4,860,373.00
記—8	交納稅金	管理費用 ——印花稅		5,192.05	借	4,855,181.00
記—9	支付且分配電費	製造費用 ——電費		39,596.52	借	4,815,585.00
記—12	收到 青島永昌貨款	應收帳款 ——青島永昌新材料公司	24,567.00		借	48,401,512.00

續表

憑證字號	摘要	對方科目	借方金額	貸方金額	餘額方向	本位幣餘額
記—13	收到長沙寶林貨款	應收帳款——長沙寶林科技公司	200, 000. 00		借	5, 040, 152. 00
記—14	收到深圳遠大貨款	產品銷售收入	50, 000. 00		借	5, 090, 152. 00
記—15	收到四川華龍貨款	產品銷售收入	100, 000. 00		借	5, 190, 152. 00
記—16	採購短纖	原材料——纖維——短纖維		1, 000, 000. 00	借	4, 190, 152. 00
記—21	銷售石墨氈	產品銷售收入	264, 350. 00		借	4, 454, 502. 00
記—22	購進加熱管	在途物資——加熱管		130, 000. 00	借	4, 324, 502. 00
記—24	原材料入庫	原材料——纖維——短纖維		150, 000. 00	借	4, 174, 502. 00
記—25	銷售碳板	產品銷售收入	100, 000. 00		借	4, 274, 502. 00
記—27	銷售碳板	產品銷售收入	150, 000. 00		借	4, 424, 502. 00
	本日合計		1, 944, 917. 00	1, 395, 286. 00	借	4, 424, 502. 00
	本期合計		1, 944, 917. 00	1, 395, 286. 00	借	4, 424, 502. 00
	本年累計		1, 944, 917. 00	1, 395, 286. 00	借	4, 424, 502. 00

應收帳款日記帳——遠大公司

2014 年 1 月 31 日　　單位：元

憑證字號	摘要	對方科目	借方金額	貸方金額	餘額方向	本位幣餘額
	上年結轉				借	3, 530, 688. 00
記—2	收到深圳遠大欠款	銀行存款——農業銀行		56, 000. 00	借	3, 474, 688. 00
記—14	應收深圳遠大貨款	產品銷售收入	567, 000. 00		借	4, 041, 688. 00
	本期合計		567, 000. 00	56, 000. 00	借	4, 041, 688. 00
	本年累計		567, 000. 00	56, 000. 00	借	4, 041, 688. 00

應收帳款日記帳——四川華龍

2014 年 1 月 31 日 單位：元

憑證字號	摘要	對方科目	借方金額	貸方金額	餘額方向	本位幣餘額
	上年結轉				借	1,400.00
記—15	應收貨款	產品銷售收入	180,000.00		借	181,400.00
	本期合計		180,000.00		借	181,400.00
	本年累計		180,000.00		借	181,400.00

應收帳款日記帳——成都藍天機械公司

2014 年 1 月 31 日 單位：元

憑證字號	摘要	對方科目	借方金額	貸方金額	餘額方向	本位幣餘額
	上年結轉				借	323,680.40
記—23	銷售碳板	產品銷售收入	308,500.00		借	632,180.40
	本期合計		308,500.00		借	632,180.40
	本年累計		308,500.00		借	632,180.40

應收帳款日記帳——昆明瑞地

2014 年 1 月 31 日 單位：元

憑證字號	摘要	對方科目	借方金額	貸方金額	餘額方向	本位幣餘額
	上年結轉				借	98,580.80
記—25	銷售碳板	產品銷售收入	23,400.00		借	121,980.80
	本期合計		23,400.00		借	121,980.80
	本年累計		23,400.00		借	121,980.80

應收帳款日記帳——廣漢豐達

2014 年 1 月 31 日　　　　單位：元

憑證字號	摘要	對方科目	借方金額	貸方金額	餘額方向	本位幣餘額
	上年結轉				借	8, 600. 00
記—26	銷售碳氈	產品銷售收入	175, 000. 00		借	183, 600. 00
	本期合計		175, 000. 00		借	183, 600. 00
	本年累計		175, 000. 00		借	183, 600. 00

應收帳款日記帳——華島華硅

2014 年 1 月 31 日　　　　單位：元

憑證字號	摘要	對方科目	借方金額	貸方金額	餘額方向	本位幣餘額
	上年結轉				借	406, 000. 00
記—7	收到華島華硅貨款	銀行存款——農業銀行		1, 000, 000. 00	貸	594, 000. 00
記—27	銷售碳板	產品銷售收入	96, 800. 00		貸	497, 200. 00
記—28	銷售碳板	產品銷售收入	185, 100. 00		貸	312, 100. 00
	本期合計		281, 900. 00	1, 000, 000. 00	貸	312, 100. 00
	本年累計		281, 900. 00	1, 000, 000. 00	貸	312, 100. 00

應收帳款日記帳——西安環球

2014 年 1 月 31 日　　　　單位：元

憑證字號	摘要	對方科目	借方金額	貸方金額	餘額方向	本位幣餘額
	上年結轉				借	970, 100. 60
	本期合計				借	970, 100. 60
	本年累計				借	970, 100. 60

應收帳款日記帳——青島永昌新材料

2014 年 1 月 31 日　　單位：元

憑證字號	摘要	對方科目	借方金額	貸方金額	餘額方向	本位幣餘額
	上年結轉				借	54, 930. 45
記—12	收到 青島永昌貨款	銀行存款 ——農業銀行		24, 567. 00	借	30, 363. 45
	本期合計			24, 567. 00	借	30, 363. 45
	本年累計			24, 567. 00	借	30, 363. 45

應收帳款日記帳——長沙寶林科技

2014 年 1 月 31 日　　單位：元

憑證字號	摘要	對方科目	借方金額	貸方金額	餘額方向	本位幣餘額
	上年結轉				借	500, 000. 00
記—13	收到 長沙寶林貨款	銀行存款 ——農業銀行		200, 000. 00	借	300, 000. 00
	本期合計			200, 000. 00	借	300, 000. 00
	本年累計			200, 000. 00	借	300, 000. 00

預付帳款——供電局

2014 年 1 月 31 日　　單位：元

憑證字號	摘要	對方科目	借方金額	貸方金額	餘額方向	本位幣餘額
	上年結轉				借	86, 540. 63
記—9	支付且分配電費	製造費用 ——電費		1, 310. 98	借	85, 229. 65
	本期合計			1, 310. 98	借	85, 229. 65
	本年累計			1, 310. 98	借	85, 229. 65

預付帳款——萊陽百聯公司

2014 年 1 月 31 日 單位：元

憑證字號	摘要	對方科目	借方金額	貸方金額	餘額方向	本位幣餘額
	上年結轉				借	32, 400. 00
	本期合計				借	32, 400. 00
	本年累計				借	32, 400. 00

預付帳款——創美思公司

2014 年 1 月 31 日 單位：元

憑證字號	摘要	對方科目	借方金額	貸方金額	餘額方向	本位幣餘額
	上年結轉				借	652, 500. 00
	本期合計				借	652, 500. 00
	本年累計				借	652, 500. 00

預付帳款——江蘇太陽機械公司

2014 年 1 月 31 日 單位：元

憑證字號	摘要	對方科目	借方金額	貸方金額	餘額方向	本位幣餘額
	上年結轉				借	354, 219. 50
	本期合計				借	354, 219. 50
	本年累計				借	354, 219. 50

預付帳款——宜賓正源公司

2014 年 1 月 31 日 單位：元

憑證字號	摘要	對方科目	借方金額	貸方金額	餘額方向	本位幣餘額
	上年結轉				借	140, 000. 00
	本期合計				借	140, 000. 00
	本年累計				借	140, 000. 00

原材料——纖維——長纖維

2014 年 1 月 31 日

單位：元

憑證字號	摘要	收入數量	收入單價	收入金額	發出數量	發出單價	發出金額	結存數量	結存單價	結存金額
	年初餘額							135.00	9, 233.00	1, 246, 501.00
記—19	原材料入庫	30.00	9, 233.00	277, 000.00				165.00	9, 233.00	1, 523, 501.00
記—20	原材料入庫	20.00	8, 900.00	178, 000.00				185.00	9, 197.00	1, 701, 501.00
記—34	碳板耗用長纖維				59.00	9, 197.00	542, 641.00	126.00	9, 197.00	1, 158, 860.00
記—35	碳氈耗用長纖維				29.00	9, 197.00	266, 722.00	97.00	9, 197.00	892, 138.00
記—36	石墨氈耗用長纖維				47.00	9, 197.00	432, 273.00	50.00	9, 197.00	459, 865.00
	本期合計	50.00			135.00			50.00	9, 197.00	459, 865.00
	本年累計	50.00			135.00			50.00	9, 197.00	459, 865.00

原材料——纖維——短纖維

2014 年 1 月 31 日

單位：元

憑證字號	摘要	收入數量	收入單價	收入金額	發出數量	發出單價	發出金額	結存數量	結存單價	結存金額
	年初餘額							328.00	3,204.00	1,050,888.00
記—4	採購原材料貨物	20.00	8,000.00	160,000.00				348.00	3,480.00	1,210,888.00
記—16	採購短纖	20.00	3,204.00	64,079.00				368.00	3,465.00	1,274,967.00
記—24	原材料入庫	15.00	3,500.00	52,500.00				383.00	3,466.00	1,327,467.00
記—30	領用短纖維				36.00	8,000.00	288,000.00	347.00	2,996.00	1,039,467.00
記—31	碳板耗用短纖維				77.00	3,466.00	266,880.00	270.00	2,861.00	772,587.00
記—32	碳氈耗用短纖維				57.00	3,466.00	197,560.00	213.00	2,700.00	575,027.00
記—33	石墨氈耗用短纖維				90.00	3,466.00	311,937.00	123.00	2,139.00	263,089.00
	本期合計	55.00			260.00			123.00	2,139.00	263,089.00
	本年累計	55.00			260.00			123.00	2,139.00	263,089.00

原材料——生產用電氣元件——加熱管

2014 年 1 月 31 日

單位：元

憑證字號	摘要	收入數量	收入單價	收入金額	發出數量	發出單價	發出金額	結存數量	結存單價	結存金額
	年初餘額							101.00	385.00	38,880.80
記—37	石墨氈耗用加熱管				4.00	385.00	1,539.80	97.00	385.00	37,340.90
記—38	碳氈耗用加熱管				2.00	385.00	769.92	95.00	385.00	36,571.00
記—39	碳板耗用加熱管				4.00	385.00	1,539.80	91.00	385.00	35,031.20
	本期合計				10.00			91.00	385.00	35,031.20
	本年累計				10.00			91.00	385.00	35,031.20

原材料——生產用電氣元件——石墨棒

2014 年 1 月 31 日

單位：元

憑證字號	摘要	收入數量	收入單價	收入金額	發出數量	發出單價	發出金額	結存數量	結存單價	結存金額
	年初餘額							42.00	724.00	30,400.00
	本期合計							42.00	724.00	30,400.00
	本年累計							42.00	724.00	30,400.00

原材料——生產用電氣元件——石墨套管

2014 年 1 月 31 日

單位：元

憑證字號	摘要	收入數量	收入單價	收入金額	發出數量	發出單價	發出金額	結存數量	結存單價	結存金額
	年初餘額							28.00	718.00	20,104.00
	本期合計							28.00	718.00	20,104.00
	本年累計							28.00	718.00	20,104.00

原材料——生產用電氣元件——石墨螺栓

2014 年 1 月 31 日

單位：元

憑證字號	摘要	收入數量	收入單價	收入金額	發出數量	發出單價	發出金額	結存數量	結存單價	結存金額
	年初餘額							24.00	682.08	16,370.00
	本期合計							24.00	682.08	16,370.00
	本年累計							24.00	682.08	16,370.00

原材料——工具——量檢具

2014 年 1 月 31 日

單位：元

憑證字號	摘要	收入數量	收入單價	收入金額	發出數量	發出單價	發出金額	結存數量	結存單價	結存金額
	年初餘額							195.00	261.00	50,800.00
	本期合計							195.00	261.00	50,800.00
	本年累計							195.00	261.00	50,800.00

原材料——工具——刀具

2014 年 1 月 31 日

單位：元

憑證字號	摘要	收入數量	收入單價	收入金額	發出數量	發出單價	發出金額	結存數量	結存單價	結存金額
	年初餘額							280.00	528.00	147,800.00
	本期合計							280.00	528.00	147,800.00
	本年累計							280.00	528.00	147,800.00

原材料——工具——夾具

2014 年 1 月 31 日

單位：元

憑證字號	摘要	收入數量	收入單價	收入金額	發出數量	發出單價	發出金額	結存數量	結存單價	結存金額
	年初餘額							130.00	50.00	6,500.00
	本期合計							130.00	50.00	6,500.00
	本年累計							130.00	50.00	6,500.00

原材料——輔助材料——氮氣

2014 年 1 月 31 日

單位：元

憑證字號	摘要	收入數量	收入單價	收入金額	發出數量	發出單價	發出金額	結存數量	結存單價	結存金額
	年初餘額							1,400.00	100.00	140,000.00
記—29	購進輔助材料	20.00	45.00	900.00				1,420.00	99.20	140,900.00
記—40	生產石墨氈領用氮氣				210.00	99.20	20,838.00	1,210.00	99.20	120,062.00
記—41	生產碳氈領用氮氣				130.00	99.20	12,900.00	1,080.00	99.20	107,162.00
記—42	生產碳板領用氮氣				260.00	99.20	25,800.00	820.00	99.20	81,362.00
	本期合計	20.00			600.00			820.00	99.20	81,362.00
	本年累計	20.00			600.00			820.00	99.20	81,362.00

原材料——輔助材料——氬氣

2014 年 1 月 31 日

單位：元

憑證字號	摘要	收入數量	收入單價	收入金額	發出數量	發出單價	發出金額	結存數量	結存單價	結存金額
	年初餘額							240.00	76.50	18,360.70
記—18	採購輔助材料	25.00	50.00	1,250.00				265.00	74.00	19,610.70
記—43	生產石墨氈領用氬氣				86.00	74.00	6,364.00	179.00	74.00	13,246.70
記—44	生產碳氈領用氬氣				53.00	74.00	3,922.00	126.00	74.00	9,324.66
記—45	生產碳板領用氬氣				106.00	74.00	7,844.00	20.00	74.00	1,480.66
	本期合計	25.00			245.00			20.00	74.00	1,480.66
	本年累計	25.00			245.00			20.00	74.00	1,480.66

產成品——碳板

2014 年 1 月 31 日

單位：元

憑證字號	摘要	收入數量	收入單價	收入金額	發出數量	發出單價	發出金額	結存數量	結存單價	結存金額
	年初餘額							58.00	37,590.33	2,180,239.00
記—49	產成品入庫	36.00	35,938.00	1,293,762.00				94.00	36,957.50	3,474,001.00
記—52	計算銷售成本				36.00	36,957.00	1,330,469.00	58.00	36,957.50	2,143,532.00
	本期合計	36.00			36.00			58.00	36,957.50	2,143,532.00
	本年累計	36.00			36.00			58.00	36,957.50	2,143,532.00

產成品——石墨氈

2014 年 1 月 31 日

單位：元

憑證字號	摘要	收入數量	收入單價	收入金額	發出數量	發出單價	發出金額	結存數量	結存單價	結存金額
	年初餘額							117.00	37, 266.32	4, 360, 160.00
記—51	產成品入庫	34.00	26, 790.30	910, 870.00				151.00	34, 907.50	5, 271, 030.00
記—52	計算銷售成本				5.00	34, 907.00	174, 537.00	146.00	34, 907.50	5, 096, 493.00
	本期合計	34.00			5.00			146.00	34, 907.50	5, 096, 493.00
	本年累計	34.00			5.00			146.00	34, 907.50	5, 096, 493.00

產成品——碳氈

2014 年 1 月 31 日

單位：元

憑證字號	摘要	收入數量	收入單價	收入金額	發出數量	發出單價	發出金額	結存數量	結存單價	結存金額
	年初餘額							152.00	14, 344.90	2, 180, 420.00
記—50	產成品入庫	31.00	18, 874.00	585, 102.00				183.00	15, 112.10	2, 765, 522.00
記—52	計算銷售成本				13.00	15, 112.00	196, 458.00	170.00	15, 112.10	2, 569, 064.00
	本期合計	31.00			13.00			170.00	15, 112.10	2, 569, 064.00
	本年累計	31.00			13.00			170.00	15, 112.10	2, 569, 064.00

固定資產——辦公樓

2014 年 1 月 31 日　　單位：元

憑證字號	摘要	對方科目	借方金額	貸方金額	餘額方向	本位幣餘額
	上年結轉				借	1,000,000.00
	本期合計				借	1,000,000.00
	本年累計				借	1,000,000.00

固定資產——廠房

2014 年 1 月 31 日　　單位：元

憑證字號	摘要	對方科目	借方金額	貸方金額	餘額方向	本位幣餘額
	上年結轉				借	5,000,000.00
	本期合計				借	5,000,000.00
	本年累計				借	5,000,000.00

固定資產——庫房

2014 年 1 月 31 日　　單位：元

憑證字號	摘要	對方科目	借方金額	貸方金額	餘額方向	本位幣餘額
	上年結轉				借	2,000,000.00
	本期合計				借	2,000,000.00
	本年累計				借	2,000,000.00

固定資產——切割機

2014 年 1 月 31 日　　單位：元

憑證字號	摘要	對方科目	借方金額	貸方金額	餘額方向	本位幣餘額
	上年結轉				借	116,840.10
	本期合計				借	116,840.10
	本年累計				借	116,840.10

固定資產——lszk 爐操作中心

2014 年 1 月 31 日　　單位：元

憑證字號	摘要	對方科目	借方金額	貸方金額	餘額方向	本位幣餘額
	上年結轉				借	9,800,000.00
	本期合計				借	9,800,000.00
	本年累計				借	9,800,000.00

應付帳款——鄭州吉化公司

2014 年 1 月 31 日　　單位：元

憑證字號	摘要	對方科目	借方金額	貸方金額	餘額方向	本位幣餘額
	上年結轉				貸	2,845,490.00
記—16	採購短纖	銀行存款 ——農業銀行	925,028.00		貸	1,920,462.00
	本期合計		925,028.00		貸	1,920,462.00
	本年累計		925,028.00		貸	1,920,462.00

應付帳款——鄭州天源公司

2014 年 1 月 31 日　　單位：元

憑證字號	摘要	對方科目	借方金額	貸方金額	餘額方向	本位幣餘額
記—4	採購 原材料貨物	原材料 ——纖維 ——短纖維		187,200.00	貸	187,200.00
	本期合計			187,200.00	貸	187,200.00
	本年合計			187,200.00	貸	187,200.00

應付帳款——綿陽氣材有限責任公司

2014 年 1 月 31 日　　單位：元

憑證字號	摘要	對方科目	借方金額	貸方金額	餘額方向	本位幣餘額
	上年結轉				平	
記—18	採購輔助材料	原材料 ——輔助材料 ——氫氣		1, 462. 50	貸	1, 462. 50
	本期合計			1, 462. 50	貸	1, 462. 50
	本年累計			1, 462. 50	貸	1, 462. 50

應付帳款——石家莊新材料有限責任公司

2014 年 1 月 31 日　　單位：元

憑證字號	摘要	對方科目	借方金額	貸方金額	餘額方向	本位幣餘額
	上年結轉				平	
記—19	原材料入庫	原材料 ——纖維 ——長纖維		324, 090. 20	貸	324, 090. 20
記—24	原材料入庫	銀行存款 ——農業銀行	88, 575. 00		貸	235, 515. 20
	本期合計		88, 575. 00	324, 090. 20	貸	235, 515. 20
	本年累計		88, 575. 00	324, 090. 20	貸	235, 515. 20

應付帳款——肇慶華潤有限責任公司

2014 年 1 月 31 日　　單位：元

憑證字號	摘要	對方科目	借方金額	貸方金額	餘額方向	本位幣餘額
	上年結轉				平	
記—20	原材料入庫	原材料 ——纖維 ——長纖維		208, 260. 00	貸	208, 260. 00
	本期合計			208, 260. 00	貸	208, 260. 00
	本年累計			208, 260. 00	貸	208, 260. 00

應付帳款——德陽耗材有限責任公司

2014 年 1 月 31 日　　單位：元

憑證字號	摘要	對方科目	借方金額	貸方金額	餘額方向	本位幣餘額
	上年結轉				平	
記—22	購進加熱管	在途物資——加熱管		78, 016. 64	貸	78, 016. 64
	本期合計			78, 016. 64	貸	78, 016. 64
	本年累計			78, 016. 64	貸	78, 016. 64

應付帳款——德陽開源有限責任公司

2014 年 1 月 31 日　　單位：元

憑證字號	摘要	對方科目	借方金額	貸方金額	餘額方向	本位幣餘額
	上年結轉				平	
記—29	購進輔助材料	原材料——輔助材料——氮氣		1, 053. 00	貸	1, 053. 00
	本期合計			1, 053. 00	貸	1, 053. 00
	本年累計			1, 053. 00	貸	1, 053. 00

應交稅費——應交增值稅——進項稅額

2014 年 1 月 31 日　　單位：元

憑證字號	摘要	對方科目	借方金額	貸方金額	餘額方向	本位幣餘額
	上年結轉				平	
記—4	採購原材料貨物	應付帳款——鄭州天源公司	27, 200. 00		借	27, 200. 00
記—9	支付且分配電費	銀行存款——農業銀行	5, 868. 80		借	33, 068. 80
記—16	採購短纖	銀行存款——農業銀行	10, 893. 40		借	43, 962. 16
記—18	採購輔助材料	應付帳款——綿陽氣材有限責任公司	212. 50		借	44, 174. 66
記—19	原材料入庫	應付帳款——石家莊新材料有限責任公司	47, 090. 00		借	91, 264. 69

續表

憑證字號	摘要	對方科目	借方金額	貸方金額	餘額方向	本位幣餘額
記—20	原材料入庫	應付帳款——肇慶華潤有限責任公司	30, 260. 00		借	121, 524. 70
記—22	購進加熱管	銀行存款——農業銀行	30, 224. 60		借	151, 749. 30
記—24	原材料入庫	銀行存款——農業銀行	8, 925. 00		借	160, 674. 30
記—29	購進輔助材料	應付帳款——德陽開源有限責任公司	153. 00		借	160, 827. 30
	本期合計		160, 827. 00		借	160, 827. 30
	本年累計		160, 827. 00		借	160, 827. 30

應交稅費——應交增值稅——銷項稅額

2014 年 1 月 31 日　　單位：元

憑證字號	摘要	對方科目	借方金額	貸方金額	餘額方向	本位幣餘額
	上年結轉				平	
記—14	銷售碳板	應收帳款——遠大公司		89, 649. 57	貸	89, 649. 57
記—15	銷售碳氈	應收帳款——四川華龍		40, 683. 76	貸	130, 333. 33
記—21	銷售石墨氈	銀行存款——農業銀行		38, 409. 83	貸	168, 743. 16
記—23	銷售碳氈	應收帳款——成都藍天機械公司		44, 824. 79	貸	213, 567. 95
記—25	銷售碳板	應收帳款——昆明瑞地有限責任公司		17, 929. 91	貸	231, 497. 86
記—26	銷售碳氈	應收帳款——廣漢豐達公司		25, 427. 35	貸	256, 925. 21
記—27	銷售碳板	應收帳款——華島華硅		35, 859. 83	貸	292, 785. 04
記—28	銷售碳板	應收帳款——華島華硅		26, 894. 87	貸	319, 679. 91
	本期合計				貸	319, 679. 91
	本年累計				貸	319, 679. 91

應交增值稅多欄帳

2014 年 01 月 31 日

單位：元

2014 年		憑證號數	摘要	借方				貸方				方向	餘額
月	日			借方合計	進項稅額	已交稅金	轉出未交增值稅	貸方合計	進項稅額轉出	銷項稅額	轉出多交增值稅		
1	4	記-4	採購原材料	27, 200. 00	27, 200. 00							貸	27, 200. 00
1	21	記-9	支付且分配電費	5, 868. 80	5, 868. 80							借	33, 068. 80
1	2	記-14	銷售碳板					89, 649. 57		89, 649. 57		貸	56, 580. 77
1	12	記-15	銷售碳氈					40, 683. 76		40, 683. 76		貸	97, 264. 53
1	4	記-16	採購短纖	10, 893. 36	10, 893. 36							貸	86, 371. 17
1	7	記-18	採購輔助材料	212. 50	212. 50							貸	86, 158. 67
1	7	記-19	採購原材料	47, 090. 03	47, 090. 03							貸	39, 068. 64
1	10	記-20	採購原材料	30, 260. 00	30, 260. 00							貸	8, 808. 64
1	12	記-21	銷售石墨氈					38, 409. 83		38, 409. 83		貸	47, 218. 47
1	12	記-22	購進加熱管	30, 224. 64	30, 224. 64							貸	16, 993. 83
1	13	記-23	銷售碳氈					44, 824. 79		44, 824. 79		貸	61, 818. 62
1	15	記-24	原材料入庫	8, 925. 00	8, 925. 00							貸	52, 893. 62
1	13	記-25	銷售碳板					17, 929. 91		17, 929. 91		貸	70, 823. 53

續表

2014年		憑證號數	摘要	借方				貸方				方向	餘額
月	日			借方合計	進項稅額	已交稅金	轉出未交增值稅	貸方合計	進項稅額轉出	銷項稅額	轉出多交增值稅		
1	13	記-26	銷售碳氈					25, 427. 35		25, 427. 35		貸	96, 250. 88
1	13	記-27	銷售碳板					35, 859. 83		35, 859. 83		貸	132, 110. 71
1	20	記-28	銷售碳板					26, 894. 87		26, 894. 87		貸	159, 005. 58
1	20	記-29	購進輔助材料	153. 00	153. 00							貸	158, 852. 58
1	31	記-53	轉出未交增值稅	158, 852. 58			158, 852. 58					平	
			本月合計	319, 679. 91	160, 827. 33		158, 852. 58	319, 679. 91		319, 679. 91		平	
2	3	記-2	銷售碳氈					50, 854. 70		50, 854. 70		貸	50, 854. 70
	5	記-5	採購原材料	27, 200. 00	27, 200. 00							貸	23, 654. 70
			當前合計	27, 200. 00	27, 200. 00			50, 854. 70		50, 854. 70		貸	23, 654. 70
			當前累計	346, 879. 91	188, 027. 33		158, 852. 58	370, 534. 61		370, 534. 61		貸	23, 654. 70

應交稅費——應交增值稅——未交增值稅

2014 年 1 月 31 日　　單位：元

憑證字號	摘要	對方科目	借方金額	貸方金額	餘額方向	本位幣餘額
	上年結轉				貸	14, 260. 00
記—5	交納 2010 年 12 增值稅	銀行存款——農業銀行	14, 260. 00		平	
記—53	轉出未交增值稅	應交稅費——應交增值稅——轉出未交增值稅		158, 852. 60	貸	158, 852. 60
	本期合計		14, 260. 00	158, 852. 60	貸	158, 852. 60
	本年累計		14, 260. 00	158, 852. 60	貸	158, 852. 60

應交稅費——應交增值稅——轉出未交增值稅

2014 年 1 月 31 日　　單位：元

憑證字號	摘要	對方科目	借方金額	貸方金額	餘額方向	本位幣餘額
	上年結轉				平	
記—53	轉出未交增值稅	應交稅費——應交增值稅——未交增值稅	158, 853. 00		借	158, 852. 60
	本期合計		158, 853. 00		借	158, 852. 60
	本年累計		158, 853. 00		借	158, 852. 60

應交稅費——應交城建稅

2014 年 1 月 31 日　　單位：元

憑證字號	摘要	對方科目	借方金額	貸方金額	餘額方向	本位幣餘額
	上年結轉				貸	990. 82
記—8	交納稅金	銀行存款——農業銀行	990. 82		平	
記—54	計算銷售稅金及附加	產品銷售稅金及附加		11, 119. 68	貸	11, 119. 68
	本期合計		990. 82	11, 119. 68	貸	11, 119. 68
	本年累計		990. 82	11, 119. 68	貸	11, 119. 68

應交稅費——應交教育費附加

2014 年 1 月 31 日　　單位：元

憑證字號	摘要	對方科目	借方金額	貸方金額	餘額方向	本位幣餘額
	上年結轉				貸	420.78
記—8	交納稅金	銀行存款——農業銀行	420.78		平	
記—54	計算銷售稅金及附加	產品銷售稅金及附加		4,765.58	貸	4,765.58
	本期合計		420.78	4,765.58	貸	4,765.58
	本年累計		420.78	4,765.58	貸	4,765.58

應交稅費——應交地方教育費附加

2014 年 1 月 31 日　　單位：元

憑證字號	摘要	對方科目	借方金額	貸方金額	餘額方向	本位幣餘額
	上年結轉				貸	280.52
記—8	交納稅金	銀行存款——農業銀行	280.52		平	
記—54	計算銷售稅金及附加	產品銷售稅金及附加		1,588.53	貸	1,588.53
	本期合計		280.52	1,588.53	貸	1,588.53
	本年累計		280.52	1,588.53	貸	1,588.53

長期借款——建設銀行

2014 年 1 月 31 日　　單位：元

憑證字號	摘要	對方科目	借方金額	貸方金額	餘額方向	本位幣餘額
	上年結轉				貸	18,850,000.00
	本期合計				貸	18,850,000.00
	本年累計				貸	18,850,000.00

生產成本——纖維——碳板

2014 年 1 月 31 日 單位：元

憑證字號	摘要	對方科目	借方金額	貸方金額	餘額方向	本位幣餘額
	上年結轉				平	
記—30	領用短纖維	原材料——纖維——短纖維	288, 000. 00		借	288, 000. 00
記—31	碳板耗用短纖維	原材料——纖維——短纖維	266, 879. 70		借	554, 879. 70
記—34	碳板耗用長纖維	原材料——纖維——長纖維	542, 640. 70		借	1, 097, 520. 00
記—49	產成品入庫	產成品——碳板		1, 097, 520. 00	平	
	本期合計		1, 097, 520. 00	1, 097, 520. 00	平	
	本年累計		1, 097, 520. 00	1, 097, 520. 00	平	

生產成本——纖維——碳氈

2014 年 1 月 31 日 單位：元

憑證字號	摘要	對方科目	借方金額	貸方金額	餘額方向	本位幣餘額
	上年結轉				平	
記—32	碳氈耗用短纖維	原材料——纖維——短纖維	197, 560. 30		借	197, 560. 30
記—35	碳氈耗用長纖維	原材料——纖維——長纖維	266, 721. 70		借	464, 282. 00
記—50	產成品入庫	產成品——碳氈		464, 282. 00	平	
	本期合計		464, 282. 00	464, 282. 00	平	
	本年累計		464, 282. 00	464, 282. 00	平	

生產成本——纖維——石墨氈

2014 年 1 月 31 日　　單位：元

憑證字號	摘要	對方科目	借方金額	貸方金額	餘額方向	本位幣餘額
	上年結轉				平	
記—33	石墨氈耗用短纖維	原材料——纖維——短纖維	311, 937. 30		借	311, 937. 00
記—36	石墨氈耗用長纖維	原材料——纖維——長纖維	432, 273. 10		借	744, 210. 00
記—51	產成品入庫	產成品——石墨氈		744, 210. 40	平	
	本期合計		744, 210. 40	744, 210. 40	平	
	本年累計		744, 210. 40	744, 210. 40	平	

生產成本——電氣元件——石墨氈

2014 年 1 月 31 日　　單位：元

憑證字號	摘要	對方科目	借方金額	貸方金額	餘額方向	本位幣餘額
	上年結轉				平	
記—37	石墨氈耗用加熱管	原材料——生產用電氣元件——加熱管	1, 539. 84		借	1, 539. 80
記—51	產成品入庫	產成品——石墨氈		1, 539. 84	平	
	本期合計		1, 539. 84	1, 539. 84	平	
	本年累計		1, 539. 84	1, 539. 84	平	

生產成本——電氣元件——碳氈

2014 年 1 月 31 日　　單位：元

憑證字號	摘要	對方科目	借方金額	貸方金額	餘額方向	本位幣餘額
	上年結轉				平	
記—38	碳氈耗用加熱管	原材料——生產用電氣元件——加熱管	769.92		借	769.92
記—50	產成品入庫	產成品——碳氈		769.92	平	
	本期合計		769.92	769.92	平	
	本年累計		769.92	769.92	平	

生產成本——電氣元件——碳板

2014 年 1 月 31 日　　單位：元

憑證字號	摘要	對方科目	借方金額	貸方金額	餘額方向	本位幣餘額
	上年結轉				平	
記—39	碳板耗用加熱管	原材料——生產用電氣元件——加熱管	1,539.84		借	1,539.80
記—49	產成品入庫	產成品——碳板		1,539.84	平	
	本期合計		1,539.84	1,539.84	平	
	本年累計		1,539.84	1,539.84	平	

生產成本——輔助材料——石墨氈

2014 年 1 月 31 日　　單位：元

憑證字號	摘要	對方科目	借方金額	貸方金額	餘額方向	本位幣餘額
	上年結轉				平	
記—40	生產石墨氈領用氮氣	原材料——輔助材料——氮氣	20, 838. 30		借	20, 838. 00
記—43	生產石墨氈領用氬氣	原材料——輔助材料——氬氣	6, 364. 00		借	27, 202. 00
記—51	產成品入庫	產成品——石墨氈		27, 202. 30	平	
	本期合計		27, 202. 30	27, 202. 30	平	
	本年累計		27, 202. 30	27, 202. 30	平	

生產成本——輔助材料——碳氈

2014 年 1 月 31 日　　單位：元

憑證字號	摘要	對方科目	借方金額	貸方金額	餘額方向	本位幣餘額
	上年結轉				平	
記—41	碳氈領用氮氣	原材料——輔助材料——氮氣	12, 899. 90		借	12, 900. 00
記—44	生產碳氈領用氬氣	原材料——輔助材料——氬氣	3, 922. 00		借	16, 822. 00
記—50	產成品入庫	產成品——碳氈		16, 821. 90	平	
	本期合計		16, 821. 90	16, 821. 90	平	
	本年累計		16, 821. 90	16, 821. 90	平	

生產成本——輔助材料——碳板

2014 年 1 月 31 日　　單位：元

憑證字號	摘要	對方科目	借方金額	貸方金額	餘額方向	本位幣餘額
	上年結轉				平	
記—42	生產碳板領用氮氣	原材料——輔助材料——氮氣	25, 799. 80		借	25, 800. 00
記—45	生產碳板領用氬氣	原材料——輔助材料——氬氣	7, 844. 00		借	33, 644. 00
記—49	產成品入庫	產成品——碳板		33, 643. 80	平	
	本期合計		33, 643. 80	33, 643. 80	平	
	本年累計		33, 643. 80	33, 643. 80	平	

生產成本——工人工資——碳板

2014 年 1 月 31 日　　單位：元

憑證字號	摘要	對方科目	借方金額	貸方金額	餘額方向	本位幣餘額
	上年結轉				平	
記—46	計算 1 月工資	應付工資	48, 371. 00		借	48, 371. 00
記—50	產成品入庫	產成品——碳氈		48, 371. 00	平	
	本期合計		48, 371. 00	48, 371. 00	平	
	本年累計		48, 371. 00	48, 371. 00	平	

生產成本——工人工資——石墨氈

2014 年 1 月 31 日　　　　單位：元

憑證字號	摘要	對方科目	借方金額	貸方金額	餘額方向	本位幣餘額
	上年結轉				平	
記—46	計算 1 月工資	應付工資	77, 386. 00		借	77, 386. 00
記—51	產成品入庫	產成品 ——石墨氈		77, 386. 00	平	
	本期合計		77, 386. 00	77, 386. 00	平	
	本年累計		48, 371. 00	48, 371. 00	平	

生產成本——製造費用——碳板

2014 年 1 月 31 日　　　　單位：元

憑證字號	摘要	對方科目	借方金額	貸方金額	餘額方向	本位幣餘額
	上年結轉				平	
記—48	結轉製造費用	製造費用 ——電費	64, 314. 82		借	64, 315. 00
記—49	產成品入庫	產成品——碳板		64, 314. 82	平	
	本期合計		64, 314. 82	64, 314. 82	平	
	本年累計		64, 314. 82	64, 314. 82	平	

生產成本——製造費用——碳氈

2014 年 1 月 31 日　　單位：元

憑證字號	摘要	對方科目	借方金額	貸方金額	餘額方向	本位幣餘額
	上年結轉				平	
記—48	結轉製造費用	製造費用——電費	54, 856. 74		借	54, 857. 00
記—50	產成品入庫	產成品——碳氈		54, 856. 74	平	
	本期合計		54, 856. 74	54, 856. 74	平	
	本年累計		54, 856. 74	54, 856. 74	平	

生產成本——製造費用——石墨氈

2014 年 1 月 31 日　　單位：元

憑證字號	摘要	對方科目	借方金額	貸方金額	餘額方向	本位幣餘額
	上年結轉				平	
記—48	結轉製造費用	製造費用——電費	60, 531. 60		借	60, 532. 00
記—51	產成品入庫	產成品——石墨氈		60, 531. 60	平	
	本期合計		60, 531. 60	60, 531. 60	平	
	本年累計		60, 531. 60	60, 531. 60	平	

在途物資——加熱管

2014 年 1 月 31 日

單位：元

憑證字號	摘要	收入數量	收入單價	收入金額	發出數量	發出單價	發出金額	結存數量	結存單價	結存金額
	年初餘額									0.00
記—22	購進加熱管	463.00	384.00	177, 792.00				463.00	384.00	177, 792.00
	本期合計	463.00						463.00	384.00	177, 792.00
	本年累計	463.00						463.00	384.00	177, 792.00

營業收入

2014年1月31日　　單位：元

憑證字號	摘要	對方科目	借方金額	貸方金額	餘額方向	本位幣餘額
	上年結轉				平	
記—14	銷售碳板	銀行存款——農業銀行		527, 350. 40	貸	527, 350. 43
記—15	銷售碳氈	銀行存款——農業銀行		239, 316. 20	貸	766, 666. 67
記—21	銷售石墨氈	銀行存款——農業銀行		225, 940. 20	貸	992, 606. 84
記—23	銷售碳板	應收帳款——成都藍天機械公司		263, 675. 20	貸	1, 256, 282. 10
記—25	銷售碳板	銀行存款——農業銀行		105, 470. 10	貸	1, 361, 752. 10
記—26	銷售碳氈	應收帳款——廣漢豐達公司		149, 572. 70	貸	1, 511, 324. 80
記—27	銷售碳板	銀行存款——農業銀行		210, 940. 20	貸	1, 722, 265. 00
記—28	銷售碳板	應收帳款——華島華硅公司		158, 205. 10	貸	1, 880, 470. 10
記—55	結轉本期損益	本年利潤	1, 880, 470. 10		平	
	本期合計		1, 880, 470. 10	1, 880, 470. 00	平	
	本年累計		1, 880, 470. 10	1, 880, 470. 00	平	

營業成本

2014年1月31日　　單位：元

憑證字號	摘要	對方科目	借方金額	貸方金額	餘額方向	本位幣餘額
	上年結轉				平	
記—52	計算銷售成本	產成品——碳板	1, 701, 463. 80		借	1, 701, 463. 80
記—55	結轉本期損益	本年利潤		1, 701, 464. 00	平	
	本期合計		1, 701, 463. 80	1, 701, 464. 00	平	
	本年累計		1, 701, 463. 80	1, 701, 464. 00	平	

銷售費用——銷售人員工資

2014 年 1 月 31 日　　單位：元

憑證字號	摘要	對方科目	借方金額	貸方金額	餘額方向	本位幣餘額
	上年結轉				平	
記—46	計算 1 月工資	應付工資	45,000.00		借	45,000.00
記—55	結轉本期損益	本年利潤		45,000.00	平	
	本期合計		45,000.00	45,000.00	平	
	本年累計		45,000.00	45,000.00	平	

營業稅金及附加

2014 年 1 月 31 日　　單位：元

憑證字號	摘要	對方科目	借方金額	貸方金額	餘額方向	本位幣餘額
	上年結轉				平	
記—54	計算銷售稅金及附加	應交稅費——應交城建稅	17,473.79		借	17,473.79
記—55	結轉本期損益	本年利潤		17,473.79	平	
	本期合計		17,473.79	17,473.79	平	
	本年累計		17,473.79	17,473.79	平	

管理費用——辦公費

2014 年 1 月 31 日　　單位：元

憑證字號	摘要	對方科目	借方金額	貸方金額	餘額方向	本位幣餘額
	上年結轉				平	
記—6	王蕭蕭報銷	現金	6,450.00		借	6,450.00
記—55	結轉本期損益	本年利潤		6,450.00	平	
	本期合計		6,450.00	6,450.00	平	
	本年累計		6,450.00	6,450.00	平	

管理費用——招待費

2014 年 1 月 31 日　　單位：元

憑證字號	摘要	對方科目	借方金額	貸方金額	餘額方向	本位幣餘額
	上年結轉				平	
記—6	王蕭蕭報銷	現金	5, 900. 00		借	5, 900. 00
記—55	結轉本期損益	本年利潤		5, 900. 00	平	
	本期合計		5, 900. 00	5, 900. 00	平	
	本年累計		5, 900. 00	5, 900. 00	平	

管理費用——通訊費

2014 年 1 月 31 日　　單位：元

憑證字號	摘要	對方科目	借方金額	貸方金額	餘額方向	本位幣餘額
	上年結轉				平	
記—6	王蕭蕭報銷	現金	3, 280. 00		借	3, 280. 00
記—55	結轉本期損益	本年利潤		3, 280. 00	平	
	本期合計		3, 280. 00	3, 280. 00	平	
	本年累計		3, 280. 00	3, 280. 00	平	

管理費用——交通費

2014 年 1 月 31 日　　單位：元

憑證字號	摘要	對方科目	借方金額	貸方金額	餘額方向	本位幣餘額
	上年結轉				平	
記—6	王蕭蕭報銷	現金	2, 810. 00		借	2, 810. 00
記—55	結轉本期損益	本年利潤		2, 810. 00	平	
	本期合計		2, 810. 00	2, 810. 00	平	
	本年累計		2, 810. 00	2, 810. 00	平	

管理費用——印花稅

2014 年 1 月 31 日　　單位：元

憑證字號	摘要	對方科目	借方金額	貸方金額	餘額方向	本位幣餘額
	上年結轉				平	
記—8	交納稅金	銀行存款——農業銀行	96.00		借	96.00
記—55	結轉本期損益	本年利潤		96.00	平	
	本期合計		96.00	96.00	平	
	本年累計		96.00	96.00	平	0.00

管理費用——電費

2014 年 1 月 31 日　　單位：元

憑證字號	摘要	對方科目	借方金額	貸方金額	餘額方向	本位幣餘額
	上年結轉				平	
記—9	支付且分配電費	銀行存款——農業銀行	516.35		借	516.35
記—55	結轉本期損益	本年利潤		516.35	平	
	本期合計		516.35	516.35	平	
	本年累計		516.35	516.35	平	

管理費用——職工福利費

2014 年 1 月 31 日　　單位：元

憑證字號	摘要	對方科目	借方金額	貸方金額	餘額方向	本位幣餘額
	上年結轉				平	
記—11	發放春節職工福利	現金	4,080.00		借	4,080.00
記—55	結轉本期損益	本年利潤		4,080.00	平	
	本期合計		4,080.00	4,080.00	平	
	本年累計		4,080.00	4,080.00	平	

管理費用——管理人員工資

2014 年 1 月 31 日　　單位：元

憑證字號	摘要	對方科目	借方金額	貸方金額	餘額方向	本位幣餘額
	上年結轉				平	
記—46	計算 1 月工資	應付工資	25,000.00		借	25,000.00
記—55	結轉本期損益	本年利潤		25,000.00	平	
	本期合計		25,000.00	25,000.00	平	
	本年累計		25,000.00	25,000.00	平	

管理費用——折舊

2014 年 1 月 31 日　　單位：元

憑證字號	摘要	對方科目	借方金額	貸方金額	餘額方向	本位幣餘額
	上年結轉				平	
記—47	計提折舊	累計折舊	19,368.35		借	19,368.35
記—55	結轉本期損益	本年利潤		19,368.35	平	
	本期合計		19,368.35	19,368.35	平	
	本年累計		19,368.35	19,368.35	平	

三、總帳

略。

四、記帳憑證及原始憑證

1.

绵阳天府有限责任公司

记账凭证

记字第1号（1/1）　　记账日期：2014年1月31日　　附单2张

摘要	会计科目	单位/数量	单价	借方金额	贷方金额
张西西借备用金	其他应收款——张西西			14 300.00	
张西西借备用金	银行存款——农业银行				14 300.00
备注	项目：　部　门：　个人： 客户：　业务员：		合计：	14 300.00	14 300.00

会计主管：王唯　复核：王唯　记账：王萧萧　出纳：赵丽　经办：　制单：王萧萧

中国农业银行

现金支票存根（川）

IV　VI32887743

附加信息：

出票日期　2014年1月6日

收款人：	张西西
金　额：	14 300.00
用　途：	备用金

单位主管：李飞　　会计：王萧萧

借条

借到绵阳天府有限责任公司人民币 14 300 元整（大写：壹万肆仟叁佰元整）。

同意！ 借款人：张西西

李飞 时间：2014 年 1 月 6 日

2.

绵阳天府有限责任公司

记账凭证

记字第 2 号（1/1） 记账日期：2014 年 1 月 31 日 附单 1 张

摘要	会计科目	单位/数量	单价	借方金额	贷方金额
收到深圳远大欠款	银行存款——农业银行			56 000.00	
收到深圳远大欠款	应收账款——深圳远大公司				56 000.00
备注	项目： 部门： 个人： 客户： 业务员：		合计：	56 000.00	56 000.00

会计主管：王唯 复核：王唯 记账：王萧萧 出纳：赵丽 经办： 制单：王萧萧

中国农业银行

客户回执

支付交易序号：1278　委托日期：20140106　业务类型：00100—汇兑业务

发起行行号：3105840000

发起行行名：上海浦东银行深圳分行

付款人开户行号：3105840000　付款人账号：79140155300210392

付款人名称：深圳远大有限责任公司

收款人开户行行号：1045678126　收款人账号：248110054307456

收款人名称：绵阳天府有限责任公司

金额：56 000.00　业务种类：普通汇兑

入账日期：20140106　入账传票号：3827

2014.01.06 银行收讫

3.

绵阳天府有限责任公司

记账凭证

记字第 3 号（1/1）　记账日期：2014 年 1 月 31 日　附单 2 张

摘要	会计科目	单位/数量	单价	借方金额	贷方金额
支付2013年12月工资	应付职工薪酬			655 060.00	
支付2013年12月工资	银行存款 ——农业银行				4 1937.00
代扣个人所得税	应交税费 ——代扣代缴个人所得税				1 503.00
支付2013年12月工资	现金				611 620.00
备注	项目：　部　门：　个人： 客户：　业务员：		合计：	655 060.00	655 060.00

会计主管：王唯　复核：王唯　记账：王萧萧　出纳：赵丽　经办：　制单：王萧萧

工 资 表

单位名称：绵阳天府有限责任公司　　2013 年 12 月　　单位：元

序号	姓名	应领工资						应扣工资			实发工资	签章
		基本工资	津贴	通讯补贴	餐费补贴	加班	合计金额	个人所得税	个人社保	合计金额		
1	张道远	3 500	5 000	1 000	500		10 000	745		745	9 255	
2	王萧萧	3 000		200	100	1 000	4 300	24		24	4 276	
3	张西西	2 500		100	100	1 000	3 700	6		6	3 694	
4	甘甜甜	3 000		900	1 000		4 900	42		42	4 858	
5	刘一恒	3 000		500	500	1 000	5 000	45		45	4 955	
6	…	…					…	…		…	…	
合计							655 060	1 503.00		1 503.00	653 557.00	

客户付款入账通知单

2014 年 01 月 05 日

交易行：222481　　传票号：4795　　日志号：0325

付款户名：绵阳天府有限责任公司

付款行账号：248110054307456

付款开户行：中国农业银行江油支行

收款户名：

收款账号：

收款开户行：

金额大写：（人民币：肆万壹仟玖佰叁拾柒元整）

金额小写：CNY41 937.00

摘要：工资

附言：日终汇总入账

[中国农业银行江油支行 2014.01.05 银行转讫]

4.

绵阳天府有限责任公司

记账凭证

记字第4号（1/1）　　记账日期：2014年1月31日　　附单1张

摘要	会计科目	单位/数量	单价	借方金额	贷方金额
采购原材料	原材料——短纤维	吨/20	8 000.00	160 000.00	
采购原材料	应交税费——应交增值税 ——进项税额			27 200.00	
采购原材料	应付账款——郑州天源公司				187 200.00
备注	项目：　部　门：　个人： 客户：　业务员：		合计：	187 200.00	187 200.00

会计主管：王唯　复核：王唯　记账：王萧萧　出纳：　经办：　制单：王萧萧

4100101130　　**河南省增值税专用发票**　　**NO 140104576**

发票联

开票日期：2014年01月04日

国税函（2014）328号 北京印钞厂

购货单位	名　　称：绵阳天府有限责任公司 纳税人识别号：510781780000067 地 址、电 话：江油工业开发区会昌西路 0816—33751226 开户行及账号：农行江油市支行 248 110 054 307 456	密码区	7>567*15/753*8　加密版本：02 48<032/52>9/295　41000654320 4974156*56<537　**00046164** 43>6/545*-/>*4 3

货物及应税劳务名称	规格型号	单位	数量	单价	金额	税率	税额
短纤	&50	吨	20	8 000．00	160 000.00	17%	27 200.00
合计					160 000.00		27 200.00
纳税合计（大写）	⊗壹拾捌万柒仟贰佰元整				（小写）：￥187 200.00		

销货单位	名　　称：郑州天源有限责任公司 纳税人识别号：410101589052859 地 址、电 话：郑州中州大道以东三条路段 0371—83479821 开户行及账号：农行郑州市支行 648 323 064 325 796	备注	郑州天源有限责任公司 税号：410101589052859 发票专用章

收款人：郑州天源有限责任公司　复核：邓大南　开票人：黄英　销货单位：（章）

第三联：发票联　购货方记账凭证

5.

绵阳天府有限责任公司

记账凭证

记字第 5 号（1/1）　　记账日期：2014 年 1 月 31 日　　附单 1 张

摘要	会计科目	单位/数量	单价	借方金额	贷方金额
交纳2013年12月增值税	应交税费——应交增值税 ——未交增值税			14 260.00	
交纳2013年12月增值税	银行存款——农业银行				14 260.00
备注	项目：　部　门：　个人： 客户：　业务员：		合计：	14 260.00	14 260.00

会计主管：王唯　复核：王唯　记账：王萧萧　出纳：赵丽　经办：　制单：王萧萧

中华人民共和国
税收通用缴款书

隶属关系：一般纳税人　　（2014）川国缴 4758 号

注册类型：私营　　填发日期：2014 年 01 月 10 日　　征收机关：江油市工业开发区国税分局

缴款单位	代码	510781780000067	预算科目	编码	101010106
	全称	**绵阳天府有限责任公司**		名称	**私营企业增值税**
	开户银行	**中国农业银行江油市支行**		级次	**中央** 75% **省** 8.75%　**县区：** 16.25%
	账号	248110054307456	收款国库		国家金库江油市支库
税款所属日期：2013.12.01—2013.12.31			税款限缴日期：2014.01.18		

品目名称	课税数量	计税金额	税率或单位税额	已缴或扣除额	实缴金额
其他非金属矿物制品		￥14 260.00			￥14 260.00
金额合计	（大写）**壹万肆仟贰佰陆拾元整**				￥14 260.00
缴款单位（人）（盖章） 经办人（盖章） **周国正**	税务机关（盖章） 填票人（盖章） **郑天华**	国库（银行）盖章　年　月　日			备注

逾期不缴按税法规定加收滞纳金

印章：绵阳天府有限责任公司 财务专用章；江油市工业开发区国税分局 业务章；中国农业银行江油支行 2014.01.10 银行转讫

6.

绵阳天府有限责任公司

记账凭证

记字第 6 号（1/2）　　记账日期：2014 年 1 月 31 日　　附单 114 张

摘要	会计科目	单位/数量	单价	借方金额	贷方金额
王萧萧报销	管理费用——办公费			6 450.00	
王萧萧报销	管理费——招待费			5 900.00	
王萧萧报销	管理费用——通讯费			3 280.00	
王萧萧报销	管理费用——交通费			2 810.00	
备注	项目：　部　门：　个人： 客户：　业务员：		合计：	18 440.00	0.00

会计主管：王唯　复核：王唯　记账：王萧萧　出纳：赵丽　经办：　制单：王萧萧

绵阳天府有限责任公司

记账凭证

记字第 6 号（2/2）　　记账日期：2014 年 1 月 31 日　　附单 114 张

摘要	会计科目	单位/数量	单价	借方金额	贷方金额
王萧萧报销	其他应付款——职工教育经费			1 000.00	
王萧萧报销	财务费用——银行手续费			17.00	
王萧萧报销	现金				19 457.00
备注	项目：　部　门：　个人： 客户：　业务员：		合计：	19 457.00	19 457.00

会计主管：王唯　复核：王唯　记账：王萧萧　出纳：赵丽　经办：　制单：王萧萧

114 張原始憑證略。

7.

绵阳天府有限责任公司

记账凭证

记字第 7 号（1/1）　　记账日期：2014 年 1 月 31 日　　附单 1 张

摘要	会计科目	单位/数量	单价	借方金额	贷方金额
收到华岛华硅货款	银行存款——农业银行			1 000 000.00	
收到华岛华硅货款	应收账款——华岛华硅公司				1 000 000.00
备注	项目：　部　门：　个人： 客户：　业务员：		合计：	1 000 000.00	1 000 000.00

会计主管：王唯　复核：王唯　记账：王萧萧　出纳：赵丽　经办：　制单：王萧萧

中国农业银行

客户回执

支付交易序号：90456　委托日期：20140111 务类型：00100—汇兑业务

发起行行号：104562154131

发起行行名：**上海银行宁波市支行**

付款人开户行号：104562154131　付款人账号：8714014569210392

付款人名称：**华岛华硅有限责任公司**

收款人开户行行号：104[illegible]678126　收款人账号：248110054307456

收款人名称：**绵阳天府有限责任公司**

金额：1 000 000.00　业务种类：**普通汇兑**

入账日期：20140111　入账传票号：4258

8.

绵阳天府有限责任公司

记账凭证

记字第 8 号（1/2） 记账日期： 2014 年 1 月 31 日 附单 1 张

摘要	会计科目	单位/数量	单价	借方金额	贷方金额
交纳税金	管理费用——印花税			96.00	
交纳税金	应交税费——应交城建税			990.82	
交纳税金	应交税费——应交教育费附加			420.78	
交纳税金	应交税费——应交地方教育费附加			280.52	
备注	项目： 部 门： 个人： 客户： 业务员：		合计：	1 788.12	0.00

会计主管：王唯 复核：王唯 记账：王萧萧 出纳：赵丽 经办： 制单：王萧萧

绵阳天府有限责任公司

记账凭证

记字第 8 号（2/2） 记账日期： 2014 年 1 月 31 日 附单 1 张

摘要	会计科目	单位/数量	单价	借方金额	贷方金额
交纳税金	应交税费——代扣代缴个人所得税			3 403.93	
交纳税金	银行存款——农业银行				5 192.05
备注	项目： 部 门： 个人： 客户： 业务员：		合计：	5 192.05	5 192.05

会计主管：王唯 复核：王唯 记账：王萧萧 出纳：赵丽 经办： 制单：王萧萧

中国农业银行电子缴费付款凭证

转账日期：2014 年 1 月 10 日

纳税人全称及纳税人识别号：绵阳天府有限责任公司 510781780000067

付款人全称：绵阳天府有限责任公司

付款人账号：248110054307456

付款人开户行：中国农业银行江油支行　征收机关名称：江油工业开发区地税分局

小写（合计）金额：￥5 192.05　收缴国库（银行）名称：高新金库

大写（合计）金额：人民币伍仟壹佰玖拾贰元零伍分

缴纳书交易流水号：5932

税票号码：********

税（费）种名称	所属日期：	实缴金额
城建税	20131201—20131231	990.82
教育费附加	20131201—20131231	420.78
地方教育费附加	20131201—20131231	280.52
个人所得税	20131201—20131231	3 403.93
印花税	20131201—20131231	96.00

第一次打印　打印时间：2014 年 1 月 10 日

中国农业银行江油支行 2014. 01. 10 银行转讫

第二联：作付款回单　复核：王唯　记账：王萧萧

9.

绵阳天府有限责任公司

记账凭证

记字第9号（1/2）　　记账日期：2014年1月31日　　附单2张

摘要	会计科目	单位/数量	单价	借方金额	贷方金额
支付且分配电费	制造费用——电费			34 522.35	
支付且分配电费	管理费用——电费			516．35	
支付且分配电费	应交税费——应交增值税——进项税额			5 868.80	
支付且分配电费	银行存款——农业银行				39 596.52
备注	项目：　部　门：　个人： 客户：　业务员：		合计：	40 907.50	39 596.52

会计主管：王唯　复核：王唯　记账：王萧萧　出纳：赵丽　经办：　制单：王萧萧

绵阳天府有限责任公司

记账凭证

记字第9号（2/2）　　记账日期：2014年1月31日　　附单2张

摘要	会计科目	单位/数量	单价	借方金额	贷方金额
支付且分配电费	预付账款——供电局				1 310.98
备注	项目：　部　门：　个人： 客户：　业务员：		合计：	40 907.50	40 907.50

会计主管：王唯　复核：王唯　记账：王萧萧　出纳：赵丽　经办：　制单：王萧萧

中国农业银行

客户回执

支付交易序号：50897 委托日期：20140120 务类型：00100—汇兑业务

发起行行号：1045678126

发起行行名：中国农业银行江油市支行

付款人开户行号：1045678126 付款人账号：248110054307456

付款人名称：绵阳天府有限责任公司

收款人开户行号：1045678126 收款人账号：248320054348327

收款人名称：四川电力公司江油供电局

金额：39 596.52 业务种类：普通汇兑

入账日期：20140121 入账传票号：5494

四川省电力公司绵阳电业局电费数据

编号：

区号：4100001652 计费月份：201401 划拨号： 单位：元

客户名称	L-2-12-1			户号	30200134232		地址：	润京华宅	
用电类别	止度	起度	倍率	实用电量	损耗	加减电量	合计电量	电价	金额
户表居民 62 峰									
户表居民 62 平	2 257.07	1 189.00		1 068.07		-100	968.07	￥0.456 6	442.02.
户表居民 62 谷	239.89	116.00		123.89			123.89	￥0.229 5	28.43
121—200 度							80	￥0.080 0	6.40
201—300 度							100	￥0.110 0	11.00
30 度以上							179	￥0.160 0	28.5
计费信息		项目	电量	单价	金额	项目	电容量	单价	金额
	KV					本期电费			516.35
供电电压	交流电 220V					上次预存			
装见容量	4.4					本次交款			516.35
						本次预存			
合计大写	⊗伍佰壹拾陆元叁角伍分					合计	￥516.35		

单位：高新供电局 抄表：高辉 审核：豪亚丽 收费：周菊丽 收费时间：2014 年 1 月 29 日

5100101130	四川省增值税专用发票 发票联	NO 140137542 开票日期：2014年01月21日

购货单位	名　　称：绵阳天府有限责任公司 纳税人识别号：510781780000067 地址、电话：江油工业开发区会昌西路 0816—33751226 开户行及账号：农行江油市支行 248 110 054 307 456				密码区	5489-1<9-7-6158　加密版本：01 48<032/52>9/295　42000205670 43241*67-33/537　00014374 67>42<2*-/>*53	
货物及应税劳务名称	规格型号	单位	数量	单价	金额	税率	税额
电力					34 522.35	17%	5 868.80
合计					34 522.35		5 868.80
纳税合计（大写）	⊗肆万零叁佰玖拾壹元壹角五分				（小写）：¥40 391.15		
销货单位	名　　称：江油市供电局 纳税人识别号：510781780879347 地址、电话：四川省江油市诗仙路100号 0816—83220225 开户行及账号：农行江油市支行 248 320 054 348 327				备注	江油市供电局 税号：510781780879347 发票专用章	

收款人：江油市供电局　复核：张治旭　开票人：钱国军　销货单位：（章）

国税函（2014）510号 北京印钞厂

第二联：发票联　购货方记账凭证

10.

绵阳天府有限责任公司

记账凭证

记字第10号（1/1）　记账日期：2014年1月31日　附单2张

摘要	会计科目	单位/数量	单价	借方金额	贷方金额
领用劳保用品	制造费用——劳保			15 920.00	
领用劳保用品	现金				15 920.00
备注	项目：　部门：　个人： 客户：　业务员：		合计：	15 920.00	15 920.00

会计主管：王唯　复核：王唯　记账：王萧萧　出纳：赵丽　经办：　制单：王萧萧

材料出库单

用途：生产耗用		2014 年 01 月 10 日		NO：C20140102	仓库：材料库	
类别	编号	名称及规格	单位	数量	单位成本	总成本
耗材		手套	双	200	1 800.00	1 800.00
耗材		劳保皮鞋	双	40	5 120.00	5 120.00
耗材		工作服	件	50	9 000.00	9 000.00
合计					15 920.00	15 920.00

车间主管：刘一恒　　保管：邓敬辉　　领用：杜金刚

5100101130　　**四川省增值税专用发票**　　NO 140147825

发票联

开票日期：2014 年 01 月 12 日

国税函（2014）470 号 北京印钞厂

购货单位	
名称：	绵阳天府有限责任公司
纳税人识别号：	510781780000067
地址、电话：	江油工业开发区会昌西路 0816—33751226
开户行及账号：	农行江油市支行 248 110 054 307 456

密码区：7649-1<9-7-4268　485432/52>9/295　99741*32-33/637　73>47<2*-/>*98

加密版本：01　42000205720　00017574

货物及应税劳务名称	规格型号	单位	数量	单价	金额	税率	税额
手套		双		7.69	1 538.46	17%	261.54
劳保皮鞋		双		109.40	4 376.07	17%	743.93
工作服		件		153.85	7 692.31	17%	1 307.69
合计					13 606.84		2 313.16
纳税合计（大写）	⊗壹万伍仟玖佰贰拾元整				（小写）：￥15 920.00		

销货单位	
名称：	江油摩尔玛商业有限公司
纳税人识别号：	510767435678523
地址、电话：	四川省江油市滨江路 18 号 028—83224532
开户行及账号：	农行江油市支行 248 342 768 478 937

备注：江油摩尔玛商业有限公司 税号：510767435678523 发票专用章

收款人：江油摩尔玛商业有限公司　复核：赵飞扬　开票人：李希顺　销货单位：（章）

第三联：发票联　购货方记账凭证

11.

绵阳天府有限责任公司

记账凭证

记字第 11 号（1/1）　　记账日期：2014 年 1 月 31 日　　附单 2 张

摘要	会计科目	单位/数量	单价	借方金额	贷方金额
发放春节职工福利	管理费用——职工福利费			4 080.00	
发放春节职工福利	现金				4 080.00
备注	项目：　部门：　个人： 客户：　业务员：		合计：	4 080.00	4 080.00

会计主管：王唯　复核：王唯　记账：王萧萧　出纳：赵丽　经办：　制单：王萧萧

5100101130　　**四川省增值税专用发票**　　**NO 140147832**

发票联

开票日期：2014 年 01 月 20 日

国税函（2014）470 号 北京印钞厂

购货单位	名称：绵阳天府有限责任公司 纳税人识别号：510781780000067 地址、电话：江油工业开发区会昌西路 0816—33751226 开户行及账号：农行江油市支行 248 110 054 307 456				密码区	9752-1<3-7-6745 68<524/52>9/745 49/*41*32-.3/537 87>52<2*-/>*85	加密版本：01 42000205420 **00043174**
货物及应税劳务名称	规格型号	单位	数量	单价	金额	税率	税额
食品		批	1	3 487.18	3 487.18	17%	592.82
合计					3 487.18		3 487.18
纳税合计（大写）	⊗肆仟零捌拾元整					（小写）：¥4 080.00	
销货单位	名称：江油摩尔玛商业有限公司 纳税人识别号：510767435678523 地址、电话：四川省江油市滨江路 18 号 028—83224532 开户行及账号：农行江油市支行 248 342 768 478 937				备注	江油摩尔玛商业有限公司 税号：510767435678523 发票专用章	

收款人：江油摩尔玛商业有限公司　复核：赵飞扬　开票人：李希顺　销货单位：（章）

第三联：发票联　购货方记账凭证

2013 年春節職工福利發放清單

序號	姓名	金額	簽名
1	顧大為	204.00	顧大為
2	…	204.00	…
3	…	204.00	…
4	…	204.00	…
…	…	…	…
合計		4,080.00	

12.

绵阳天府有限责任公司

记账凭证

记字第 12 号（1/1）　　记账日期：2014 年 1 月 31 日　　附单 1 张

摘要	会计科目	单位/数量	单价	借方金额	贷方金额
收到青岛永昌货款	银行存款——农业银行			24 567.00	
收到青岛永昌货款	应收账款——青岛永昌新材料公司				24 567.00
备注	项目：　部　门：　个人： 客户：　业务员：		合计：	24 567.00	24 567.00

会计主管：王唯　复核：王唯　记账：王萧萧　出纳：赵丽　经办：　制单：王萧萧

中国农业银行

客户回执

支付交易序号：450678　委托日期：20140121　业务类型：00100—汇兑业务

发起行行号：16752154129

发起行行名：招商银行青岛分行清算中心

付款人开户行号：167562154129　付款人账号：8717914569210392

付款人名称：青岛永昌新材料有限公司

收款人开户行行号：1045678126　收款人账号：248110054307456

收款人名称：绵阳天府有限责任公司

金额：24 567.00　业务种类：普通汇兑

入账日期：20140121　入账传票号：4732

中国农业银行江油支行 2014.01.21 银行收讫

13.

绵阳天府有限责任公司

记账凭证

记字第 13 号（1/1）　记账日期：2014 年 1 月 31 日　附单 1 张

摘要	会计科目	单位/数量	单价	借方金额	贷方金额
收到长沙宝林货款	银行存款——农业银行			200 000.00	
收到长沙宝林货款	应收账款——长沙宝林科技公司				200 000.00
备注	项目：　部　门：　个人： 客户：　业务员：		合计：	200 000.00	200 000.00

会计主管：王唯　复核：王唯　记账：王萧萧　出纳：赵丽　经办：　制单：王萧萧

中国农业银行

客户回执

支付交易序号：047878　委托日期：20140126　业务类型：00100—汇兑业务

发起行行号：102345002007

发起行行名：中国工商银行长沙支行

付款人开户行号：102345002007　付款人账号：41776456980358

付款人名称：长沙宝林科技有限公司

收款人开户行行号：104567812６　收款人账号：248110054307456

收款人名称：绵阳天府有限责任公司

金额：200 000.00　业务种类：普通汇兑

入账日期：20140126　入账传票号：7639

中国农业银行江油支行 2014.01.26 银行收讫

14.

绵阳天府有限责任公司

记账凭证

记字第 14 号（1/1）　　记账日期：2014 年 1 月 31 日　　附单 2 张

摘要	会计科目	单位/数量	单价	借方金额	贷方金额
收到深圳远大货款	银行存款——农业银行			50 000.00	
收到深圳远大货款	应收账款——远大公司			567 000.00	
销售碳板	产品销售收入				527 350.43
销售碳板	应交税费——应交增值税——销项税额				89 649.57
备注	项目：　部　门：　个人： 客户：　业务员：		合计：	617 000.00	617 000.00

会计主管：王唯　复核：王唯　记账：王萧萧　出纳：赵丽　经办：　制单：王萧萧

5107110130 **四川省增值税专用发票** **NO 140100001**

记账联

开票日期：2014 年 01 月 02 日

购货单位	名　　称：深圳远大有限责任公司 纳税人识别号：440300498760938 地 址、电 话：深圳左庭右院 18 号　0755—88468356 开户行及账号：工行深圳支行 791 401 553 002 103 92			密码区	2489-1<9-7-6158 48<032/52>9/295 49741*32-33/537 43>42<2*-/>*4 3	加密版本：01 42000205720 **00016174**	
货物及应税劳务名称	规格型号	单位	数量	单价	金额	税率	税额
碳板	100*200	件	10	52 735.04	527 350.43	17%	89 649.57
合计					527 350.43		89 649.57
价税合计（大写）	⊗陆拾壹万柒仟元整				（小写）：¥617 000.00		
销货单位	名　　称：绵阳天府有限责任公司 纳税人识别号：510781780000067 地 址、电 话：江油工业开发区会昌西路 0816—33751226 开户行及账号：农行江油市支行 248 110 054 307 456			备注	绵阳天府有限责任公司 税号：510781780000067 发票专用章		

收款人：绵阳天府有限责任公司　复核：王唯　开票人：王萧萧　销货单位：（章）

国税函（2014）520 号 北京印钞厂

第一联：记账联 销售方记账凭证

客户收款入账通知单

2014 年 01 月 05 日

交易行：222481　　传票号：2031　　日志号：5942

付款户名：深圳远大有限责任公司

付款行账号：3105840000

付款开户行：中国工商银行深圳支行

收款户名：绵阳天府有限责任公司

收款账号：248110054307456

收款开户行：中国农业江油市支行

金额大写：（人民币：伍万元整）

金额小写：CNY50 000.00

摘要：其他

附言：日终汇总入账

中国农业银行江油支行 2014.01.05 银行收讫

15.

绵阳天府有限责任公司

记账凭证

记字第 15 号（1/1） 记账日期： 2014 年 1 月 31 日 附单 2 张

摘要	会计科目	单位/数量	单价	借方金额	贷方金额
收到四川华龙货款	银行存款——农业银行			100 000.00	
收到四川华龙货款	应收账款——四川华龙			180 000.00	
销售	产品销售收入				239 316.24
销售	应交税费——应交增值税 ——销项税额				40 683.76
备注	项目： 部 门： 个人： 客户： 业务员：		合计：	280 000.00	280 000.00

会计主管：王 唯 复核：王 唯 记账：王萧萧 出纳：赵 丽 经办： 制单：王萧萧

5107110130 **四川省增值税专用发票** NO 140100002

记账联

开票日期：2014 年 01 月 12 日

国税函（2014）520 号 北京印钞厂

购货单位	名 称：四川华龙有限责任公司 纳税人识别号：510103704786040 地 址、电 话：西玉龙街 201 号玉龙大厦 3 楼 028—86249234 开户行及账号：农行成都市支行 248 132 144 217 381	密码区	9482-1<9-7-6352 加密版本：01 58<032/52>9/295 42000205720 64341*32-33/553 00016174 44>52<2*>/>*43

货物及应税劳务名称	规格型号	单位	数量	单价	金额	税率	税额
碳毡	60*200	件	8	29 914.53	239 316.24	17%	40 683.76
合计					239 316.24		40 683.76
纳税合计（大写）	⊗贰拾捌万元整				（小写）：￥280 000. 00		

销货单位	名 称：绵阳天府有限责任公司 纳税人识别号：510781780000067 地 址、电 话：江油工业开发区会昌西路 0816—33751226 开户行及账号：农行江油市支行 248 110 054 307 456	备注	绵阳天府有限责任公司 税号：510781780000067 发票专用章

第一联：记账联 销售方记账凭证

收款人：绵阳天府有限责任公司 复核：王 唯 开票人：王萧萧 销货单位：（章）

客户付款入账通知单

2014 年 01 月 20 日

交易行：222481　　传票号：5674　　日志号：2642

付款户名：四川华龙有限责任公司

付款行账号：1045678126

付款开户行：中国农业银行成都市支行

收款户名：绵阳天府有限责任公司

收款账号：248110054307456

收款开户行：中国农业银行江油市支行

金额大写：（人民币：壹拾万元整）

金额小写：CNY100 000.00

摘要：其他

附言：日终汇总入账

中国农业银行江油支行
2014.01.20
银行收讫

16.

绵阳天府有限责任公司

记账凭证

记字第 16 号（1/1）　　记账日期：2014 年 1 月 31 日　　附单 3 张

摘要	会计科目	单位/数量	单价	借方金额	贷方金额
采购短纤	原材料——纤维 ——短纤维	吨/20	3 203.93	64 078.60	
采购短纤	应交税费——应交增值税 ——进项税额			10 893.36	
采购短纤	应付账款——郑州吉化公司			925 028.04	
采购短纤	银行存款——农业银行				1 000 000.00
备注	项目：　部门：　个人： 客户：　业务员：		合计：	1 000 000.00	1 000 000.00

会计主管：王唯　复核：王唯　记账：王萧萧　出纳：赵丽　经办：　制单：王萧萧

客户付款入账通知单

2014 年 01 月 08 日

交易行：222481　　传票号：5843　　日志号：1407

付款户名：**绵阳天府有限责任公司**

付款行账号：248110054307456

付款开户行：**中国农业银行江油市支行**

收款户名：**郑州吉化有限责任公司**

收款账号：791 351 784 252 973 85

收款开户行：**中国工商银行郑州市支行**

金额大写：（人民币：**壹佰万元整**）

金额小写：CNY1 000 000.00

摘要：**其他**

附言：**日终汇总入账**

中国农业银行江油支行 2014.01.08 银行转讫

材料入库单

2014 年 1 月 7 日　　编号：140101

材料编号	名称	规格	单位	数量	单价	合计
1#	短纤	&50	吨	20	3 203.93	64 078.60
销货单位	郑州吉化有限责任公司		结算方式		合同号：201401001	
备注						

主管：甘甜　　质检员：张扬　　验收：邓敬辉　　经办人：曾德仁

4100101130　　**河南省增值税专用发票**　　NO 140104852

发票联

开票日期：2014 年 01 月 04 日

国税函（2014）235 号 北京印钞厂

购货单位	名称：绵阳天府有限责任公司 纳税人识别号：510781780000067 地址、电话：江油工业开发区会昌西路 0816—33751226 开户行及账号：农行江油市支行 248 110 054 307 456				密码区	2453-1<9-7-6158 加密版本：01 58<032/52>9/652 41000205820 4461*32-33/537 00053174 53*42<2*-/>*97	
货物及应税劳务名称	规格型号	单位	数量	单价	金额	税率	税额
短纤	&50	吨	20	3 203．93	64 078.60	17%	10 893.36
合计					64 078.60		10 893.36
纳税合计（大写）	⊗柒万肆仟玖佰柒拾壹元玖角陆分					（小写）：￥74 971.96	
销货单位	名称：郑州吉化有限责任公司 纳税人识别号：410101589052859 地址、电话：郑州中州大道以东三条路段 0371—83479821 开户行及账号：农行郑州市支行 648 323 064 325 796				备注	郑州吉化有限责任公司 税号：410101589052859 发票专用章	

收款人：郑州吉化有限责任公司　复核：邓天南　开票人：黄英　销货单位：（章）

第三联：发票联 购货方记账凭证

17.

绵阳天府有限责任公司

记账凭证

记字第 17 号（1/1）　　记账日期：2014 年 1 月 31 日　　附单 1 张

摘要	会计科目	单位/数量	单价	借方金额	贷方金额
代扣员工个人社保	现金			6 000.00	
代扣员工个人社保	其他应收款——员工社保				6 000.00
备注	项目：　部门：　个人： 客户：　业务员：		合计：	6 000.00	6 000.00

会计主管：王唯　复核：王唯　记账：王萧萧　出纳：赵丽　经办：　制单：王萧萧

2014 年 1 月社保個人應交部分明細表

單位名稱：綿陽天府有限責任公司　　2014 年 1 月 10 日

姓名	金額	簽字
張道遠	365.00	張道遠
王蕭蕭	172.00	王蕭蕭
張西西	172.00	張西西
甘甜	172.00	甘甜
劉一恒	172.00	劉一恒
…	…	…
合計	6,000.00	

18.

绵阳天府有限责任公司

记账凭证

记字第 18 号（1/1）　　记账日期：2014 年 1 月 31 日　　附单 2 张

摘要	会计科目	单位/数量	单价	借方金额	贷方金额
采购辅助材料	原材料——辅助材料 ——氢气	瓶/25	50.00	1 250.00	
采购辅助材料	应交税费——应交增值税 ——进项税额			212.50	
采购辅助材料	应付账款 ——绵阳气材有限责任公司				1 462.50
备注	项目：　部　门：　个人： 客户：　业务员：		合计：	1 462.50	1 462.50

会计主管：王唯　复核：王唯　记账：王萧萧　出纳：赵丽　经办：　制单：王萧萧

材料入库单

2014 年 1 月 11 日　　　　编号：140104

材料编号	名称	规格	单位	数量	单价	合计
	氢气		瓶	25	50	1 250.00
销货单位	绵阳气材有限责任公司		结算方式		合同号	
备注						

主管：甘甜　　质检员：张扬　　验收：邓敬辉　　经办人：曾德仁

5100101130　　**四川省增值税专用发票**　　**NO 140138567**

全国统一发票监制章 四川 国家税务局监制

发票联

开票日期：2014 年 01 月 07 日

国税函（2014）510 号　北京印钞厂

购货单位		密码区	
名　　称：绵阳天府有限责任公司		4239-1*9-7-6528	加密版本：02
纳税人识别号：510781780000067		45<032/52>9/295	51000205720
地址、电话：江油工业开发区会昌西路 0816—33751226		45321*32-33/637	**00426154**
开户行及账号：农行江油市支行 248 110 054 307 456		63>42<2*-/>*52	

货物及应税劳务名称	规格型号	单位	数量	单价	金额	税率	税额
氢气		瓶	25	50	1 250.00	17%	212.50
合计					1 250.00		212.50
纳税合计（大写）	⊗壹仟肆佰陆拾贰元伍角整					（小写）：¥1 462.50	

销货单位	备注
名　　称：绵阳气材有限责任公司	绵阳气材有限责任公司
纳税人识别号：510700023502582	税号：510700023503582
地址、电话：绵阳市高新区 76 号 0816—2589700	发票专用章
开户行及账号：农行绵阳市高新区支行 248 110 564 245 358	

收款人：绵阳气材有限责任公司　复核：许仙茹　开票人：奉海滨　销货单位：（章）

第三联：发票联　购货方记账凭证

19.

绵阳天府有限责任公司

记账凭证

记字第 19 号（1/1）　　记账日期：2014 年 1 月 31 日　　附单 2 张

摘要	会计科目	单位/数量	单价	借方金额	贷方金额
采购原材料	原材料——纤维——长纤维	吨/30	9 233.34	277 000.20	
采购原材料	应交税费——应交增值税——进项税额			47 090.03	
采购原材料	应付账款——石家庄新材料有限责任公司				324 090.23
备注	项目： 部门： 个人： 客户： 业务员：		合计：	324 090.23	324 090.23

会计主管：王唯　复核：王唯　记账：王萧萧　出纳：赵丽　经办：　制单：王萧萧

材料入库单

2014 年 1 月 9 日　　编号：140102

材料编号	名称	规格	单位	数量	单价	合计
2#	长纤	&100	吨	30	9 233.34	277 000.20
销货单位	石家庄新材料有限责任公司		结算方式		合同号	
备注						

主管：甘甜　质检员：张扬　验收：邓敬辉　经办人：曾德仁

5100101130　　四川省增值税专用发票　　NO 140138567

发票联

开票日期：2014 年 01 月 07 日

国税函（2014）510 号 北京印钞厂

购货单位	名　　称：绵阳天府有限责任公司 纳税人识别号：510781780000067 地 址、电 话：江油工业开发区会昌西路 0816—33751226 开户行及账号：农行江油市支行 248 110 054 307 456				密码区	8743*1<9-7-6158　加密版本：01 4896/2/52>9/295　51000205720 49741*32-33/537　00065174 43>42<9*-/>*56	
货物及应税劳务名称	规格型号	单位	数量	单价	金额	税率	税额
长纤	&100	吨	30	9 233.34	277 000.02	17%	47 090.03
合计					277 000.02		47 090.03
纳税合计（大写）	⊗叁拾贰万肆仟零玖拾贰角叁分					（小写）：￥324 090.23	
销货单位	名　　称：绵阳气材有限责任公司 纳税人识别号：510700023502582 地 址、电 话：绵阳市高新区 76 号 0816—2589700 开户行及账号：农行绵阳市高新区支行 248 110 564 245 358				备注	绵阳气材有限责任公司 税号：510700023503582 发票专用章	

收款人：绵阳气材有限责任公司　复核：许仙茹　开票人：奉海滨　销货单位：（章）

第三联：发票联　购货方记账凭证

20.

绵阳天府有限责任公司

记账凭证

记字第 20 号（1/1）　　记账日期：　2014 年 1 月 31 日　　附单 3 张

摘要	会计科目	单位/数量	单价	借方金额	贷方金额
采购原材料	原材料——纤维 ——长纤维	吨/20	8 900.00	178 000.00	
采购原材料	应交税费——应交增值税 ——进项税额			30 260.00	
采购原材料	应付账款 ——肇庆华润有限责任公司				208 260.00
备注	项目：　部　门：　个人： 客户：　业务员：		合计：	208 260.00	208 260.00

会计主管：王唯　复核：王唯　记账：王萧萧　出纳：赵丽　经办：　制单：王萧萧

材料入库单

2014 年 1 月 9 日　　　　编号：140103

材料编号	名称	规格	单位	数量	单价	合计
2#	长纤	&100	吨	20	8 900	178 000.00
销货单位	肇庆华润有限责任公司		结算方式		合同号	
备注						

主管：甘 甜　　质检员：张 扬　　验收：邓敬辉　　经办人：曾德仁

客户付款入账通知单

2014 年 01 月 10 日

交易行：222481　　传票号：1475　　日志号：3427

付款户名：绵阳天府有限责任公司

付款行账号：248110054307456

付款开户行：中国农业银行江油市支行

收款户名：肇庆华润有限责任公司

收款账号：978460484465379

收款开户行：中国农业银行肇庆市支行

金额大写：（人民币：壹拾万元整）

金额小写：CNY10 0000.00

摘要：其他

附言：日终汇总入账

中国农业银行江油支行
2014. 01. 10
银行转讫

4412101130 **广东省增值税专用发票** NO 140103825

发票联

开票日期：2014 年 01 月 10 日

国税函（2014）580 号 北京印钞厂

购货单位	名　　称：绵阳天府有限责任公司 纳税人识别号：510781780000067 地 址、电 话：江油工业开发区会昌西路 0816—33751226 开户行及账号：农行江油市支行 248 110 054 307 456				密码区	7539/6<9-7-5358 54-632/52>9/295 32-4/1*32-33/537 432/2<2*4-7*4 3	加密版本：01 44000205720 0042574
货物及应税劳务名称	规格型号	单位	数量	单价	金额	税率	税额
长纤	&100	吨	20	8 900.00	178 000.00	17%	30 260.00
合计					178 000.00		30 260.00
纳税合计（大写）	⊗贰拾万捌仟贰佰陆拾元整				（小写）：¥208 260.00		
销货单位	名　　称：肇庆华润有限责任公司 纳税人识别号：441200026792705 地 址、电 话：肇庆市鼎湖区桂城街 16 号 0758—8634512 开户行及账号：农行肇庆市支行 978460484465379				备注	肇庆华润有限责任公司 税号：441200026792705 发票专用章	

收款人：肇庆华润有限责任公司　复核：董容　开票人：肖思思　销货单位：（章）

第三联：发票联　购货方记账凭证

21.

绵阳天府有限责任公司

记账凭证

记字第 21 号（1/1）　记账日期：2014 年 1 月 31 日　附单 2 张

摘要	会计科目	单位/数量	单价	借方金额	贷方金额
销售石墨毡	银行存款——农业银行			264 350.00	
销售石墨毡	产品销售收入				225 940.17
销售石墨毡	应交税费——应交增值税 ——销项税额				38 409.83
备注	项目：　部门：　个人： 客户：　业务员：		合计：	264 350.00	264 350.00

会计主管：王唯　复核：王唯　记账：王萧萧　出纳：赵丽　经办：　制单：王萧萧

客户收款入账通知单

2014 年 01 月 25 日

交易行：222481　　传票号：4432　　日志号：5623

付款户名：成都蓝天机械有限责任公司

付款行账号：102345002072

付款开户行：中国工商银行成都市光华区支行

收款户名：绵阳天府有限责任公司

收款账号：248110054307456

收款开户行：中国农业银行江油市支行

金额大写：（人民币：贰拾陆万肆仟叁佰伍拾元整）

金额小写：CNY264 350.00

摘要：其他

附言：日终汇总入账

中国农业银行江油支行 2014.01.25 银行转讫

5107110130　　四川省增值税专用发票　　NO 140100003

全国统一发票监制章 国家税务总局监制

记账联

开票日期：2014 年 01 月 12 日

国税函（2014）520 号 北京印钞厂

购货单位	名　　称：成都蓝天机械有限责任公司 纳税人识别号：510103240060439 地 址、电 话：成都成华区 48 号 028—88170923 开户行及账号：农行成都光华区支行 248 340 352 377 971	密码区	2425-1<9-7-6538　加密版本：01 48<032/52>9/295　51000205720 43241*32-33/537　00016174 45>45<6*-/>*7 3

货物及应税劳务名称	规格型号	单位	数量	单价	金额	税率	税额
石墨毡	100*200	件	5	45 188.03	225 940.17	17%	38 409.83
合计					225 940.17		38 409.83
纳税合计（大写）	⊗贰拾陆万肆仟叁佰伍拾元整				（小写）：¥264 350.00		

销货单位	名　　称：绵阳天府有限责任公司 纳税人识别号：510781780000067 地 址、电 话：江油工业开发区会昌西路 0816—33751226 开户行及账号：农行江油市支行 248 110 054 307 456	备注	绵阳天府有限责任公司 税号：510781780000067 发票专用章

收款人：绵阳天府有限责任公司　　复核：王唯　　开票人：王萧萧　　销货单位：（章）

第一联：记账联 销售方记账凭证

22.

绵阳天府有限责任公司

记账凭证

记字第22号（1/1）　　记账日期：2014年1月31日　　附单2张

摘要	会计科目	单位/数量	单价	借方金额	贷方金额
购进加热管	在途物资——加热管	个/463	384.00	177 792.00	
购进加热管	应交税费——应交增值税 ——进项税额			30 224.64	
购进加热管	银行存款——农业银行				130 000.00
购进加热管	应付账款——德阳耗材				78 016.64
备注	项目：　部门：　个人： 客户：　业务员：		合计：	208 016.64	208 016.64

会计主管：王唯　复核：王唯　记账：王萧萧　出纳：赵丽　经办：　制单：王萧萧

5106101130　　四川省增值税专用发票　　NO 140107837

发票联

开票日期：2014年01月12日

国税函（2014）500号 北京印钞厂

购货单位		密码区	
名称：绵阳天府有限责任公司 纳税人识别号：510781780000067 地址、电话：江油工业开发区会昌西路 0816—33751226 开户行及账号：农行江油市支行 248 110 054 307 456			4259-1<9-7-6158　加密版本：01 68<032/52>9/295　51000205720 47621*32-33/537　**0006364** 74>53<9*-/>*42

货物及应税劳务名称	规格型号	单位	数量	单价	金额	税率	税额
加热管		个	463	384.00	177 792.00	17%	30 224.64
合计					177 792.00		30 224.64
纳税合计（大写）	⊗贰拾万捌仟零壹拾陆元陆角肆分				（小写）：¥208 016.64		

销货单位	备注
名称：德阳耗材有限责任公司 纳税人识别号：510600276094460 地址、电话：德阳滆江路6号 0838—2226723 开户行及账号：农行德阳市支行 248 426 364 428 486	德阳耗材有限责任公司 税号：510600276094460 发票专用章

收款人：德阳耗材有限责任公司　复核：方伟　开票人：侯兴　销货单位：（章）

第三联：发票联　购货方记账凭证

客户付款入账通知单

2014 年 01 月 15 日

交易行：222481　　传票号：7432　　日志号：3571

付款户名：绵阳天府有限责任公司

付款行账号：248110054307456

付款开户行：中国农业银行江油市支行

收款户名：德阳耗材有限责任公司

收款账号：248426364428486

收款开户行：中国农业银行德阳市支行

金额大写：（人民币：壹拾叁万元整）

金额小写：CNY130 000.00

摘要：其他

附言：日终汇总入账

（印章：中国农业银行江油支行 2014.01.15 银行转讫）

23.

绵阳天府有限责任公司

记账凭证

记字第 23 号（1/1）　　记账日期：2014 年 1 月 31 日　　附单 1 张

摘要	会计科目	单位/数量	单价	借方金额	贷方金额
销售碳毡	应收账款 ——成都蓝天机械公司			308 500.00	
销售碳毡	产品销售收入				263 675.21
销售碳毡	应交税费——应交增值税 ——销项税额				44 824.79
备注	项目：　部门：　个人： 客户：　业务员：		合计：	308 500.00	308 500.00

会计主管：王唯　复核：王唯　记账：王萧萧　出纳：　经办：　制单：王萧萧

5107110130 **四川省增值税专用发票** NO 140100004

记账联

开票日期：2014 年 01 月 13 日

国税函（2014）520 号 北京印钞厂

购货单位	名 称：成都蓝天机械有限责任公司 纳税人识别号：510103240060439 地 址、电 话：成都成华区 48 号 028—88170923 开户行及账号：工行成都市光华区支行 781 543 321 472 833 37				密码区	5349-1<9-7-6158 加密版本：01 48<074/52>9/295 51000205720 49741*32-33/537 00016174 86>44<2*-/>*48	
货物及应税劳务名称	规格型号	单位	数量	单价	金额	税率	税额
碳板	100*200	件	5	52 735.04	263 675.21	17%	44 824.79
合计					263 675.21		44 824.79
价税合计（大写）	⊗叁拾万捌仟伍佰元整					（小写）：¥308 500.00	
销货单位	名 称：绵阳天府有限责任公司 纳税人识别号：510781780000067 地 址、电 话：江油工业开发区会昌西路 0816—33751226 开户行及账号：农行江油市支行 248 110 054 307 456				备注	绵阳天府有限责任公司 税号：510781780000067 发票专用章	

收款人：绵阳天府有限责任公司 复核：王唯 开票人：王萧萧 销货单位：（章）

第一联：记账联 销售方记账凭证

24.

绵阳天府有限责任公司

记账凭证

记字第 24 号（1/1） 记账日期：2014 年 1 月 31 日 附单 3 张

摘要	会计科目	单位/数量	单价	借方金额	贷方金额
原材料入库	原材料——纤维——短纤维	吨/15	3 500.00	52 500.00	
原材料入库	应交税费——应交增值税 ——进项税额			8 925.00	
原材料入库	应付账款——石家庄新材料有限责任公司			88 575.00	
原材料入库	银行存款——农业银行				150 000.00
备注	项目： 部 门： 个人： 客户： 业务员：		合计：	150 000.00	150 000.00

会计主管：王唯 复核：王唯 记账：王萧萧 出纳：赵丽 经办： 制单：王萧萧

1301101130 **河北省增值税专用发票** NO 140109527

发票联

开票日期：2014 年 01 月 15 日

国税函（2014）370 号 北京印钞厂

购货单位	名　　称：绵阳天府有限责任公司 纳税人识别号：510781780000067 地 址、电 话：江油工业开发区会昌西路 0816—33751226 开户行及账号：农行江油市支行 248 110 054 307 456	密码区：2649-1<9-7-6158 加密版本：01 41<052/52>9/295 13000205720 49531*32-33/527 00015374 63>62<3*-/>*52

货物及应税劳务名称	规格型号	单位	数量	单价	金额	税率	税额
短纤	&50	吨	15	3 500.00	52 500.00	17%	8 925.00
合计					52 500.00		8 925.00
纳税合计（大写）	⊗陆万壹仟肆佰贰拾伍元整				（小写）：￥61 425.00		

销货单位	名　　称：石家庄新材料有限责任公司 纳税人识别号：130108058029246 地 址、电 话：石家庄中正路 35 号 0311—87824590 开户行及账号：农行石家庄市支行 622 848 634 387 846	备注：石家庄新材料有限责任公司 税号：130108058029246 发票专用章

收款人：石家庄新材料有限责任公司 复核：刘彩 开票人：杨婷婷 销货单位：（章）

第一联：记账联 销售方记账凭证

客户付款入账通知单

2014 年 01 月 10 日

交易行：222481　　传票号：9527　　日志号：3743

付款户名：绵阳天府有限责任公司

付款行账号：248110054307456

付款开户行：中国农业银行江油市支行

收款户名：石家庄新材料有限责任公司

收款账号：622848634387846

收款开户行：中国农业银行石家庄市支行

金额大写：（人民币：壹拾伍万元整）

金额小写：CNY150 000.00

摘要：其他

附言：日终汇总入账

中国农业银行江油支行 2014.01.15 银行转讫

材料入库单

2014 年 1 月 20 日　　　　编号：140105

材料编号	名称	规格	单位	数量	单价	合计
1#	短纤	&50	吨	15	3 500	52 500.00
销货单位	石家庄新材料有限责任公司		结算方式		合同号	
备注						

主管：甘甜　　质检员：张扬　　验收：邓敬辉　　经办人：曾德仁

25.

绵阳天府有限责任公司

记账凭证

记字第 25 号（1/1）　　记账日期：2014 年 1 月 31 日　　附单 2 张

摘要	会计科目	单位/数量	单价	借方金额	贷方金额
销售碳板	应收账款 ——昆明瑞地有限责任公司			23 400.00	
销售碳板	银行存款——农业银行			100 000.00	
销售碳板	产品销售收入				105 470.09
销售碳板	应交税费——应交增值税 ——销项税额				17 929.91
备注	项目：　部　门：　个人： 客户：　业务员：		合计：	123 400.00	123 400.00

会计主管：王唯　复核：王唯　记账：王萧萧　出纳：赵丽　经办：　制单：王萧萧

客户收款入账通知单

2014 年 01 月 20 日

交易行：222481　　传票号：5343　　日志号：4546

付款户名：昆明瑞地有限责任公司

付款行账号：3105840015

付款开户行：中国工商银行昆明市支行

收款户名：绵阳天府有限责任公司

收款账号：248110054307456

收款开户行：中国农业银行江油市支行

金额大写：（人民币：壹拾万元整）

金额小写：CNY100 000.00

摘要：其他

附言：日终汇总入账

（印章：中国农业银行江油支行　2014.01.20　银行收讫）

5107110130　　**四川省增值税专用发票**　　NO 140100005

记账联

开票日期：2014 年 01 月 13 日

国税函（2014）520 号 北京印钞厂

购货单位	名　　称：昆明瑞地有限责任公司 纳税人识别号：530100024809540 地 址、电 话：昆明街道 87 号 0871—83590143 开户行及账号：工行昆明市支行 871 420 542 368 994 81				密码区	5449-1<9-7-6158　加密版本：01 48<742/52>9/295　51000205720 49741*32-83/537　00016174 63>47<3*-/>*74	
货物及应税劳务名称	规格型号	单位	数量	单价	金额	税率	税额
碳板	100*200	件	2	52 735.04	105 470.09	17%	17 929.91
合计					105 470.09		17 929.91
纳税合计（大写）	⊗壹拾贰万叁仟肆佰元整				（小写）：￥123 400.00		
销货单位	名　　称：绵阳天府有限责任公司 纳税人识别号：510781780000067 地 址、电 话：江油工业开发区会昌西路 0816—33751226 开户行及账号：农行江油市支行 248 110 054 307 456				备注	（印章：绵阳天府有限责任公司　税号：510781780000067　发票专用章）	

收款人：绵阳天府有限责任公司　　复核：王唯　　开票人：王萧萧　　销货单位：（章）

第一联：记账联　销售方记账凭证

26.

绵阳天府有限责任公司

记账凭证

记字第 26 号（1/1）　　记账日期：2014 年 1 月 31 日　　附单 3 张

摘要	会计科目	单位/数量	单价	借方金额	贷方金额
销售碳毡	应收账款——广汉丰达公司			175 000.00	
销售碳毡	产品销售收入				149 572.65
销售碳毡	应交税费——应交增值税 ——销项税额				25 427.35
备注	项目：　部　门：　个人： 客户：　业务员：		合计：	175 000.00	175 000.00

会计主管：王唯　复核：王唯　记账：王萧萧　出纳：　经办：　制单：王萧萧

5107110130　　四川省增值税专用发票　　NO 140100006

全国统一发票监制章　国家税务总局监制

记账联

开票日期：2014 年 01 月 13 日

国税函（2014）520 号　北京印钞厂

购货单位	名　　称：广汉丰达有限责任公司 纳税人识别号：430101024808540 地 址、电 话：万圣街道 81 号 0838—8457014 开户行及账号：工行广汉市支行 871 420 542 368 994 81	密码区	2532-1/567-6158　加密版本：01 48<953/52>9/296　5100020572O 69741*32-33/636　**00016174** 7/6472<7<-/>*63

货物及应税劳务名称	规格型号	单位	数量	单价	金额	税率	税额
碳毡	50*100	件	5	29 914.53	149 572.65	17%	25 427.35
合计					149 572.65		25 427.35
纳税合计（大写）	⊗壹拾柒万伍仟元整				（小写）：￥175 000.00		

销货单位	名　　称：绵阳天府有限责任公司 纳税人识别号：510781780000067 地 址、电 话：江油工业开发区会昌西路 0816—33751226 开户行及账号：农行江油市支行 248 110 054 307 456	备注	绵阳天府有限责任公司 税号：510781780000067 发票专用章

收款人：绵阳天府有限责任公司　复核：王唯　开票人：王萧萧　销货单位：（章）

第一联：记账联　销售方记账凭证

27.

绵阳天府有限责任公司

记账凭证

记字第27号（1/1）　记账日期：2014年1月31日　附单2张

摘要	会计科目	单位/数量	单价	借方金额	贷方金额
销售碳板	应收账款——华岛华硅			96 800.00	
销售碳板	银行存款——农业银行			150 000.00	
销售碳板	产品销售收入				210 940.17
销售碳板	应交税费——应交增值税——销项税额				35 859.83
备注	项目： 部门： 个人： 客户： 业务员：		合计：	246 800.00	246 800.00

会计主管：王唯　复核：王唯　记账：王萧萧　出纳：赵丽　经办：　制单：王萧萧

5107110130　**四川省增值税专用发票**　NO 140100007

记账联

开票日期：2014年01月13日

国税函（2014）520号 北京印钞厂

购货单位	名称：华岛华硅有限责任公司 纳税人识别号：370202992077586 地址、电话：上海路23号 0532—81452793 开户行及账号：工行上海市支行 871 401 456 921 039 21	密码区	6739-1<9-7-6158 加密版本：01 98<067/52>9/295 51000205720 47743*32-33/746 00016174 67/42<2*-/>6*4 3

货物及应税劳务名称	规格型号	单位	数量	单价	金额	税率	税额
碳板	100*100	件	5	52 735.04	210 940.17	17%	35 859.83
合计					210 940.17		35 859.83
纳税合计（大写）	⊗贰拾肆万陆仟捌佰元整				（小写）：￥246 800.00		

销货单位	名称：绵阳天府有限责任公司 纳税人识别号：510781780000067 地址、电话：江油工业开发区会昌西路 0816—33751226 开户行及账号：农行江油市支行 248 110 054 307 456	备注	绵阳天府有限责任公司 税号：510781780000067 发票专用章

收款人：绵阳天府有限责任公司　复核：王唯　开票人：王萧萧　销货单位：（章）

第一联：记账联 销售方记账凭证

客户收款入账通知单

2014 年 01 月 21 日

交易行：222481　　传票号：5435　　日志号：2355

付款户名：华岛华硅有限责任公司

付款行账号：104562154131

付款开户行：87140145692103921

收款户名：绵阳天府有限责任公司

收款账号：248110054307456

收款开户行：中国农业银行江油市支行

金额大写：（人民币：壹拾伍万元整）

金额小写：CNY150 000.00

摘要：其他

附言：日终汇总入账

中国农业银行江油支行 2014.01.21 银行收讫

28.

绵阳天府有限责任公司

记账凭证

记字第 28 号（1/1）　　记账日期：2014 年 1 月 31 日　　附单 2 张

摘要	会计科目	单位/数量	单价	借方金额	贷方金额
销售碳板	应收账款——华岛华硅			185 100.00	
销售碳板	产品销售收入				158 205.13
销售碳板	应交税费——应交增值税——销项税额				26 894.87
备注	项目：　部门：　个人： 客户：　业务员：		合计：	185 100.00	185 100.00

会计主管：王唯　复核：王唯　记账：王萧萧　出纳：赵丽　经办：　制单：王萧萧

5107110130　　**四川省增值税专用发票**　　NO 140100008

记账联

开票日期：2014 年 01 月 20 日

购货单位	名　　称：华岛华硅有限责任公司 纳税人识别号：370202992077586 地 址、电 话：上海路 23 号 0532—81452793 开户行及账号：工行上海市支行 871 401 456 921 039 21	密码区	7467-1>7-7-6158　加密版本：01 90<032/52>9/295　51000205720 49861*32-33/537　**00016174** 49/427>2*-/>*8 3

货物及应税劳务名称	规格型号	单位	数量	单价	金额	税率	税额
碳板	100*100	件	3	52 735.04	158 205.13	17%	26 894.87
合计					158 205.13		26 894.87
纳税合计（大写）	⊗壹拾捌万伍仟壹佰元整				（小写）：¥185 100.00		

销货单位	名　　称：江油天府有限责任公司 纳税人识别号：510781780000067 地 址、电 话：江油工业开发区会昌西路 0816—33751226 开户行及账号：农行江油市支行 248 110 054 307 456	备注	绵阳天府有限责任公司 税号：510781780000067 发票专用章

收款人：绵阳天府有限责任公司　复核：王唯　开票人：王萧萧　销货单位：（章）

国税函（2014）520 号 北京印钞厂

第一联：记账联 销售方记账凭证

29.

绵阳天府有限责任公司

记账凭证

记字第 29 号（1/1）　　记账日期：2014 年 1 月 31 日　　附单 2 张

摘要	会计科目	单位/数量	单价	借方金额	贷方金额
购进辅助材料	原材料——辅助材料 ——氮气	瓶/20	45.00	900.00	
购进辅助材料	应交税费——应交增值税 ——进项税额			153.00	
购进辅助材料	应付账款 ——德阳开源有限责任公司				1 053.00
备注	项目：　部　门：　个人： 客户：　业务员：		合计：	1 053.00	1 053.00

会计主管：王唯　复核：王唯　记账：王萧萧　出纳：赵丽　经办：　制单：王萧萧

5106101130　　**四川省增值税专用发票**　　NO 140109583

发票联

开票日期：2014 年 01 月 20 日

国税函（2014）540 号 北京印钞厂

购货单位	名　　称：绵阳天府有限责任公司 纳税人识别号：510781780000067 地 址、电 话：江油工业开发区会昌西路 0816—33751226 开户行及账号：农行江油市支行 248 110 054 307 456				密码区	2489-1<9-7-6158　加密版本：01 48<032/52>9/295　4200020572 49741*32-33/537　00016174 43>42<2*-/>*4 3	
货物及应税劳务名称	规格型号	单位	数量	单价	金额	税率	税额
氮气		瓶	20	45.00	900.00	17%	153.00
合计					900.00		153.00
纳税合计（大写）	⊗壹仟零伍拾叁元整				（小写）：¥1 053.00		
销货单位	名　　称：德阳开源有限责任公司 纳税人识别号：510600298504292 地 址、电 话：德阳中澜路 78 号 0838—2229865 开户行及账号：工行德阳市支行 983 325 564 234 947 65				备注	德阳开源有限责任公司 税号：510600298504292 发票专用章	

收款人：德阳开源有限责任公司　复核：蒋蓝　开票人：陈绢　销货单位：（章）

第三联：发票联　购货方记账凭证

材料入库单

2014 年 1 月 21 日　　编号：140106

材料编号	名称	规格	单位	数量	单价	合计
	氮气		瓶	20	45	900.00
销货单位	德阳开源有限责任公司		结算方式		合同号	
备注						

主管：甘甜　质检员：张扬　验收：邓敬辉　经办人：曾德仁

30.

绵阳天府有限责任公司

记账凭证

记字第 30 号（1/1）　　记账日期：2014 年 1 月 31 日　　附单 1 张

摘要	会计科目	单位/数量	单价	借方金额	贷方金额
领用短纤维	生产成本——纤维 ——碳板			288 000.00	
领用短纤维	原材料——纤维 ——短纤维	吨/36	8 000.00		288 000.00
备注	项目：　部　门：　个人： 客户：　业务员：		合计：	288 000.00	288 000.00

会计主管：王唯　复核：王唯　记账：王萧萧　出纳：　经办：　制单：王萧萧

材料出库单

用途：生产碳板耗用		2014 年 01 月 10 日		NO：C20140101	仓库：材料库	
类别	编号	名称及规格	单位	数量	单位成本	总成本
	1#	短纤	吨	36	8 000.00	288 000.00
合计				36	8 000.00	288 000.00

车间主管：刘一恒　保管：邓敬辉　领用：杜金刚

31.

绵阳天府有限责任公司

记账凭证

记字第31号（1/1）　　记账日期：2014年1月31日　　附单1张

摘要	会计科目	单位/数量	单价	借方金额	贷方金额
碳板耗用短纤维	生产成本——纤维 ——碳板	吨/77	3 465.97	266 879.69	
碳板耗用短纤维	原材料——纤维 ——短纤维				266 879.69
备注	项目：　部门：　个人： 客户：　业务员：		合计：	266 879.69	266 879.69

会计主管：王唯　复核：王唯　记账：王萧萧　出纳：　经办：　制单：王萧萧

材料出库单

用途：生产碳板耗用		2014年01月10日		NO：C20140103	仓库：材料库	
类别	编号	名称及规格	单位	数量	单位成本	总成本
	1#	短纤	吨	77	3 465.97	266 879.69
合计				77	3 465.97	266 879.69

车间主管：刘一恒　保管：邓敬辉　收货人:成都蓝天机械有限责任公司

32.

绵阳天府有限责任公司

记账凭证

记字第 32 号（1/1） 记账日期： 2014 年 1 月 31 日 附单 1 张

摘要	会计科目	单位/数量	单价	借方金额	贷方金额
碳毡耗用短纤维	生产成本——纤维 ——碳毡			197 560.29	
碳毡耗用短纤维	原材料——纤维 ——短纤维	吨/57	3 465.97		197 560.29
备注	项目： 部 门： 个人： 客户： 业务员：		合计：	197 560.29	197 560.29

会计主管：王唯 复核：王唯 记账：王萧萧 出纳： 经办： 制单：王萧萧

材料出库单

用途：生产碳毡耗用		2014 年 01 月 10 日		NO：C20140104	仓库：材料库	
类别	编号	名称及规格	单位	数量	单位成本	总成本
	1#	短纤	吨	57	3 465.97	197 560.29
合计				57	3 465.97	197 560.29

车间主管：刘一恒 保管：邓敬辉 领用：杜金刚

33.

绵阳天府有限责任公司

记账凭证

记字第33号（1/1）　　记账日期：2014年1月31日　　附单1张

摘要	会计科目	单位/数量	单价	借方金额	贷方金额
石墨毡耗用短纤维	生产成本——纤维 ——石墨毡			311 937.30	
石墨毡耗用短纤维	原材料——纤维 ——短纤维	吨/90	3 465.97		311 937.30
备注	项目：　部门：　个人： 客户：　业务员：		合计：	311 937.30	311 937.30

会计主管：王唯　复核：王唯　记账：王萧萧　出纳：　经办：　制单：王萧萧

材料出库单

用途：生产石墨毡耗用		2014年01月10日		NO：C20140105	仓库：材料库	
类别	编号	名称及规格	单位	数量	单位成本	总成本
	1#	短纤	吨	90	3 465.97	311 937.30
合计				90	3 465.97	311 937.30

车间主管：刘一恒　保管：邓敬辉　领用：杜金刚

34.

绵阳天府有限责任公司

记账凭证

记字第 34 号（1/1）　　记账日期：2014 年 1 月 31 日　　附单 1 张

摘要	会计科目	单位/数量	单价	借方金额	贷方金额
碳板耗用长纤维	生产成本——纤维 ——碳板			542 640.70	
碳板耗用长纤维	原材料——纤维 ——长纤维	吨/59	9 197.30		542 640.70
备注	项目：　部　门：　个人： 客户：　业务员：		合计：	542 640.70	542 640.70

会计主管：王唯　复核：王唯　记账：王萧萧　出纳：　经办：　制单：王萧萧

材料出库单

用途：生产碳板耗用		2014 年 01 月 15 日		NO：C20140106	仓库：材料库	
类别	编号	名称及规格	单位	数量	单位成本	总成本
	2#	长纤维	吨	59	9 197.30	542 640.70
合计				59	9 197.30	542 640.70

车间主管：刘一恒　保管：邓敬辉　领用：杜金刚

35.

绵阳天府有限责任公司 **记账凭证**					
记字第35号（1/1）		记账日期：2014年1月31日			附单1张
摘要	会计科目	单位/数量	单价	借方金额	贷方金额
碳毡耗用长纤维	生产成本——纤维 ——碳毡			266 721.70	
碳毡耗用长纤维	原材料——纤维 ——长纤维	吨/29	9 197.30		266 721.70
备注	项目：　部　门：　个人： 客户：　业务员：		合计：	266 721.70	266 721.70

会计主管：王唯　复核：王唯　记账：王萧萧　出纳：　经办：　制单：王萧萧

材料出库单

用途：生产碳毡耗用		2014年01月15日		NO：C20140107	仓库：材料库	
类别	编号	名称及规格	单位	数量	单位成本	总成本
	2#	长纤维	吨	29	9 197.30	266 721.70
合计				29	9 197.30	266 721.70

车间主管：刘一恒　保管：邓敬辉　领用：杜金刚

36.

绵阳天府有限责任公司

记账凭证

记字第36号（1/1）　　记账日期：2014年1月31日　　附单1张

摘要	会计科目	单位/数量	单价	借方金额	贷方金额
石墨毡耗用长纤维	生产成本——纤维 ——石墨毡			432 273.10	
石墨毡耗用长纤维	原材料——纤维 ——长纤维	吨/47	9 197.30		432 273.10
备注	项目：　部　门：　个人： 客户：　业务员：		合计：	432 273.10	432 273.10

会计主管：王唯　复核：王唯　记账：王萧萧　出纳：　经办：　制单：王萧萧

材料出库单

用途：生产石墨毡耗用		2014年 01 月15 日		NO：C20140108	仓库：材料库	
类别	编号	名称及规格	单位	数量	单位成本	总成本
	2#	长纤维	吨	47	9 197.30	432 273.10
合计				47	9 197.30	432 273.10

车间主管：刘一恒　　保管：邓敬辉　　领用：杜金刚

37.

绵阳天府有限责任公司

记账凭证

记字第37号（1/1）　记账日期：2014年1月31日　附单1张

摘要	会计科目	单位/数量	单价	借方金额	贷方金额
石墨毡耗用加热管	生产成本——电气元件 ——石墨毡			1 539.84	
石墨毡耗用加热管	原材料——生产用电气元件 ——加热管	套/4	384.96		1 539.84
备注	项目：　部门：　个人： 客户：　业务员：		合计：	1 539.84	1 539.84

会计主管：王唯　复核：王唯　记账：王萧萧　出纳：　经办：　制单：王萧萧

材料出库单

用途：生产石墨毡耗用		2014年01月15日		NO：C20140109	仓库：材料库	
类别	编号	名称及规格	单位	数量	单位成本	总成本
		加热管	套	4	384.96	1 539.84
合计				4	384.96	1 539.84

车间主管：刘一恒　保管：邓敬辉　领用：杜金刚

38.

绵阳天府有限责任公司

记账凭证

记字第 38 号（1/1）　　　记账日期：　2014 年 1 月 31 日　　　附单 1 张

摘要	会计科目	单位/数量	单价	借方金额	贷方金额
碳毡耗用加热管	生产成本——电气元件 ——碳毡			769.92	
碳毡耗用加热管	原材料——生产用电气元件 ——加热管	套/2	384.96		769.92
备注	项目：　部　门：　个人： 客户：　业务员：		合计：	769.92	769.92

会计主管：王 唯　复核：王 唯　记账：王萧萧　出纳：　经办：　制单：王萧萧

材料出库单

用途：生产碳毡耗用		2014 年 01 月 15 日		NO：C20140110	仓库：材料库	
类别	编号	名称及规格	单位	数量	单位成本	总成本
		加热管	套	2	384.96	769.92
合计				2	384.96	769.92

车间主管：刘一恒　　保管：邓敬辉　　领用：杜金刚

39.

绵阳天府有限责任公司

记账凭证

记字第39号（1/1）　　记账日期：2014年1月31日　　附单1张

摘要	会计科目	单位/数量	单价	借方金额	贷方金额
碳板耗用加热管	生产成本——电气元件 ——碳板			1 539.84	
碳板耗用加热管	原材料——生产用电气元件 ——加热管	套/4	384.96		1 539.84
备注	项目：　部门：　个人： 客户：　业务员：		合计：	1 539.84	1 539.84

会计主管：王唯　复核：王唯　记账：王萧萧　出纳：　经办：　制单：王萧萧

材料出库单

用途：生产碳板耗用		2014年01月15日		NO：C20140111	仓库：材料库	
类别	编号	名称及规格	单位	数量	单位成本	总成本
		加热管	套	4	384.96	1 539.84
合计				4	384.96	1 539.84

车间主管：刘一恒　保管：邓敬辉　领用：杜金刚

40.

绵阳天府有限责任公司

记账凭证

记字第 40 号（1/1） 记账日期： 2014 年 1 月 31 日 附单 1 张

摘要	会计科目	单位/数量	单价	借方金额	贷方金额
石墨毡领用氮气	生产成本——辅助材料——石墨毡			20 838.30	
石墨毡领用氮气	原材料——辅助材料——氮气	瓶/210	99.23		20 838.30
备注	项目： 部 门： 个人： 客户： 业务员：		合计：	20 838.30	20 838.30

会计主管：王唯 复核：王唯 记账：王萧萧 出纳： 经办： 制单：王萧萧

材料出库单

用途：生产石墨毡耗		2014 年 01 月 20 日		NO：C20140112	仓库：材料库	
类别	编号	名称及规格	单位	数量	单位成本	总成本
		氮气	瓶	210	99.23	20 838.30
合计				210	99.23	20 838.30

车间主管：刘一恒 保管：邓敬辉 领用：杜金刚

41.

绵阳天府有限责任公司

记账凭证

记字第41号（1/1）　　记账日期：2014年1月31日　　附单1张

摘要	会计科目	单位/数量	单价	借方金额	贷方金额
碳毡领用氮气	生产成本——辅助材料——碳毡			12 899.90	
碳毡领用氮气	原材料——辅助材料——氮气	瓶/130	99.23		12 899.90
备注	项目：　部门：　个人： 客户：　业务员：		合计：	12 899.90	12 899.90

会计主管：王唯　复核：王唯　记账：王萧萧　出纳：　经办：　制单：王萧萧

材料出库单

用途：生产碳毡耗用		2014年01月20日		NO：C20140113	仓库：材料库	
类别	编号	名称及规格	单位	数量	单位成本	总成本
		氮气	瓶	130	99.23	12 899.90
合计				130	99.23	12 899.90

车间主管：刘一恒　　保管：邓敬辉　　领用：杜金刚

42.

绵阳天府有限责任公司

记账凭证

记字第42号（1/1）　　记账日期：2014年1月31日　　附单1张

摘要	会计科目	单位/数量	单价	借方金额	贷方金额
碳板领用氮气	生产成本——辅助材料 ——碳板			25 799.80	
碳板领用氮气	原材料——辅助材料 ——氮气	瓶/260	99.23		25 799.80
备注	项目：　部　门：　个人： 客户：　业务员：		合计：	25 799.80	25 799.80

会计主管：王唯　复核：王唯　记账：王萧萧　出纳：　经办：　制单：王萧萧

材料出库单

用途：生产碳板耗用		2014年01月20日		NO：20140114	仓库：材料库	
类别	编号	名称及规格	单位	数量	单位成本	总成本
		氮气	瓶	260	99.23	25 799.80
合计				260	99.23	25 799.80

车间主管：刘一恒　保管：邓敬辉　领用：杜金刚

43.

绵阳天府有限责任公司 **记账凭证**					
记字第43号（1/1）		记账日期：2014年1月31日			附单1张
摘要	会计科目	单位/数量	单价	借方金额	贷方金额
石墨毡领用氢气	生产成本——辅助材料——石墨毡			6 364.00	
石墨毡领用氢气	原材料——辅助材料——氢气	瓶/86	74.00		6 364.00
备注	项目： 部 门： 个人： 客户： 业务员：		合计：	6 364.00	6 364.00

会计主管：王唯 复核：王唯 记账：王萧萧 出纳： 经办： 制单：王萧萧

材料出库单

用途：生产石墨毡耗用		2014年 01 月25 日		NO：C20140115	仓库：材料库	
类别	编号	名称及规格	单位	数量	单位成本	总成本
		氢气	瓶	86	74.00	6 364.00
合计				86	74.00	6 364.00

车间主管：刘一恒 保管：邓敬辉 领用：杜金刚

44.

绵阳天府有限责任公司

记账凭证

记字第 44 号（1/1） 记账日期： 2014 年 1 月 31 日 附单 1 张

摘要	会计科目	单位/数量	单价	借方金额	贷方金额
碳毡领用氢气	生产成本——辅助材料 ——碳毡			3 922.00	
碳毡领用氢气	原材料——辅助材料 ——氢气	瓶/53	74.00		3 922.00
备注	项目： 部 门： 个人： 客户： 业务员：		合计：	3 922.00	3 922.00

会计主管：王唯 复核：王唯 记账：王萧萧 出纳： 经办： 制单：王萧萧

材料出库单

用途：生产碳毡耗用		2014 年 01 月 25 日		NO：C20140116	仓库：材料库	
类别	编号	名称及规格	单位	数量	单位成本	总成本
		氢气	瓶	53	74.00	3 922.00
合计				53	74.00	3 922.00

车间主管：刘一恒 保管：邓敬辉 领用：杜金刚

45.

绵阳天府有限责任公司

记账凭证

记字第45号（1/1）　　记账日期：2014年1月31日　　附单1张

摘要	会计科目	单位/数量	单价	借方金额	贷方金额
碳板领用氢气	生产成本——辅助材料 ——碳板			7 844.00	
碳板领用氢气	原材料——辅助材料 ——氢气	瓶/106	74.00		7 844.00
备注	项目：　部门：　个人： 客户：　业务员：		合计：	7 844.00	7 844.00

会计主管：王唯　复核：王唯　记账：王萧萧　出纳：　经办：　制单：王萧萧

材料出库单

用途：生产碳板耗用		2014年01月25日		NO：C20140117	仓库：材料库	
类别	编号	名称及规格	单位	数量	单位成本	总成本
		氢气	瓶	106	74.00	7 844.00
合计				106	74.00	7 844.00

车间主管：刘一恒　　保管：邓敬辉　　领用：杜金刚

46.

绵阳天府有限责任公司

记账凭证

记字第46号（1/2）　　记账日期：2014年1月31日　　附单1张

摘要	会计科目	单位/数量	单价	借方金额	贷方金额
计算1月工资	生产成本——工人工资——碳毡			48 371.00	
计算1月工资	生产成本——工人工资——碳板			96 743.00	
计算1月工资	生产成本——工人工资——石墨毡			77 386.00	
计算1月工资	制造费用——车间管理人员工资			20 000.00	
备注	项目：　部　门：　个人： 客户：　业务员：		合计：	265 000.00	0

会计主管：王唯　复核：王唯　记账：王萧萧　出纳：　经办：　制单：王萧萧

绵阳天府有限责任公司

记账凭证

记字第46号（2/2）　　记账日期：2014年1月31日　　附单1张

摘要	会计科目	单位/数量	单价	借方金额	贷方金额
计算1月工资	管理费用——管理人员工资			25 000.00	
计算1月工资	产品销售费用——销售人员工资			45 000.00	
计算1月工资	应付职工薪酬				312 500.00
备注	项目：　部　门：　个人： 客户：　业务员：		合计：	312 500.00	312 500.00

会计主管：王唯　复核：王唯　记账：王萧萧　出纳：　经办：　制单：王萧萧

工　资　表

单位名称：绵阳天府有限责任公司　　2014 年 01 月　　单位：元

序号	姓名	应领工资						应扣工资			实发工资	签章
		基本工资	津贴	通讯补贴	餐费补贴	加班	合计金额	个人所得税	个人社保	合计金额		
1	张道远	3 500	5 000	1 000	500		10 000	745		745	9 255	
2	王萧萧	3 000		200	100	1 000	4 300	24		24	4 276	
3	张西西	2 500		100	100	1 000	3 700	6		6	3 694	
4	甘甜	3 000		900	1 000		4 900	42		42	4 858	
5	刘一恒	3 000		500	500	1 000	5 000	45		45	4 955	
…	…	…		…	…	…	…	…		…	…	
合计							312 500	1 745		1 745	310 755	

47.

绵阳天府有限责任公司

记账凭证

记字第 47 号（1/1）　　记账日期：2014 年 1 月 31 日　　附单 1 张

摘要	会计科目	单位/数量	单价	借方金额	贷方金额
计提折旧	制造费用——折旧			109 260.81	
计提折旧	管理费用			19 368.35	
计提折旧	累计折旧				128 629.16
备注	项目：　部　门：　个人： 客户：　业务员：		合计：	128 629.16	128 629.16

会计主管：王 唯　复核：王 唯　记账：王萧萧　出纳：　经办：　制单：王萧萧

固定资产折旧明细表

2014 年 1 月

固定资产项目	原值	年限	残值率(%)	年折旧率(%)	月折旧率(%)	分配额			
						月折旧额	制造费用	管理费用	合计
办公楼	1 000 000	30	10	3	0.25	2500		2 500	2 500
厂房	5 000 000	20	8	4.6	0.383 3	19 156	19 156		19 156
库房	2 000 000	20	6	4.7	0.391 67	7 833.4	7 833.4		7 833.4
切割机	116 840.1	10	2.3	9.77	0.814 2	951.31	951.31		951.31
lszk 炉操作中心	9 800 000	10	5	9.5	0.791 7	77 586.6	77 586.6		77 587
其他	19 914 840.12					20 601.85	3 733.5	16 868.35	20 602
合计	19 914 840.12					128 629.2	109 260.81	19 368.35	128 629.16

48.

绵阳天府有限责任公司

记账凭证

记字第 48 号（1/2）　　记账日期：2014 年 1 月 31 日　　附单 1 张

摘要	会计科目	单位/数量	单价	借方金额	贷方金额
结转制造费用	生产成本——制造费用 ——碳板			64 314.82	
结转制造费用	生产成本——制造费用 ——碳毡			54 856.74	
结转制造费用	生产成本——制造费用 ——石墨毡			60 531.60	
结转制造费用	制造费用——电费				34 522.35
备注	项目：　部　门：　个人： 客户：　业务员：		合计：	179 703.16	34 522.35

会计主管：王唯　复核：王唯　记账：王萧萧　出纳：　经办：　制单：王萧萧

绵阳天府有限责任公司

记账凭证

记字第48号（2/2）　　记账日期：2014年1月31日　　附单1张

摘要	会计科目	单位/数量	单价	借方金额	贷方金额
结转制造费用	制造费用——劳保				15 920.00
结转制造费用	制造费用——车间管理人员工资				20 000.00
结转制造费用	制造费用——折旧				109 260.81
备注	项目：　部　门：　个人： 客户：　业务员：		合计：	179 703.16	179 703.16

会计主管：王唯　复核：王唯　记账：王萧萧　出纳：　经办：　制单：王萧萧

製造費用分配表

項目	金額	百分比		
		碳板	碳氈	石墨氈
		0. 357, 895	0. 305, 263	0. 336, 844, 2
製造費用	179, 703. 16	64, 314. 82	54, 856. 74	60, 531. 6

49.

绵阳天府有限责任公司

记账凭证

记字第 49 号（1/2）　　记账日期：2014 年 1 月 31 日　　附单 1 张

摘要	会计科目	单位/数量	单价	借方金额	贷方金额
产成品入库	产成品——碳板	件/36	35 937.83	1 293 761.85	
产成品入库	生产成本——纤维 ——碳板				1 097 520.39
产成品入库	生产成本——电气元件 ——碳板				1 539.84
产成品入库	生产成本——辅助材料 ——碳板				33 643.80
备注	项目：　部　门：　个人： 客户：　业务员：		合计：	1 293 761.85	1 132 704.03

会计主管：王唯　复核：王唯　记账：王萧萧　出纳：　经办：　制单：王萧萧

绵阳天府有限责任公司

记账凭证

记字第 49 号（2/2）　　记账日期：2014 年 1 月 31 日　　附单 1 张

摘要	会计科目	单位/数量	单价	借方金额	贷方金额
产成品入库	生产成本——工人工资 ——碳板				96 743.00
产成品入库	生产成本——制造费用 ——碳板				64 314.82
备注	项目：　部　门：　个人： 客户：　业务员：		合计：	1 293 761.85	1 293 761.85

会计主管：王唯　复核：王唯　记账：王萧萧　出纳：　经办：　制单：王萧萧

产成品入库单

用途：销售		2014 年 01 月 20 日		NO：CP201401001		仓库：产成品库	
类别	编号	名称及规格	单位	数量	单位成本	总成本	说明
	1#	碳板	件	36	35 937.829 2	1 293 761.85	
合计							

车间主管：刘一恒　　　　保管：邓敬辉

50.

绵阳天府有限责任公司

记账凭证

记字第 50 号（1/2）　　记账日期：2014 年 1 月 31 日　　附单 1 张

摘要	会计科目	单位/数量	单价	借方金额	贷方金额
产成品入库	产成品——碳毡	件/31	18 874.24	585 101.55	
产成品入库	生产成本——纤维 ——碳毡				464 281.99
产成品入库	生产成本——电气元件 ——碳毡				769.92
产成品入库	生产成本——辅助材料 ——碳毡				16 821.90
备注	项目：　部　门：　个人： 客户：　业务员：		合计：	585 101.55	481 873.81

会计主管：王唯　复核：王唯　记账：王萧萧　出纳：　经办：　制单：王萧萧

绵阳天府有限责任公司

记账凭证

记字第 50 号（2/2） 记账日期： 2014 年 1 月 31 日 附单 1 张

摘要	会计科目	单位/数量	单价	借方金额	贷方金额
产成品入库	生产成本——工人工资 ——碳毡				48 371.00
产成品入库	生产成本——制造费用 ——碳毡				54 856.74
备注	项目： 部 门： 个人： 客户： 业务员：		合计：	585 101.55	585 101.55

会计主管：王 唯 复核：王 唯 记账：王萧萧 出纳： 经办： 制单：王萧萧

产成品入库单

用途：销售		2014 年 01 月 21 日		NO：CP201401002		仓库：产成品库	
类别	编号	名称及规格	单位	数量	单位成本	总成本	说明
	3#	碳毡	件	31	18 874.243 5	585 101.55	
合计							

车间主管：刘一恒 保管：邓敬辉

51.

绵阳天府有限责任公司

记账凭证

记字第 51 号（1/2）　　记账日期：2014 年 1 月 31 日　　附单 1 张

摘要	会计科目	单位/数量	单价	借方金额	贷方金额
产成品入库	产成品——石墨毡	件/34	26 790.30	910 870.14	
产成品入库	生产成本——纤维 ——石墨毡				744 210.40
产成品入库	生产成本——电气元件 ——石墨毡				1 539.84
产成品入库	生产成本——辅助材料 ——石墨毡				27 202.30
备注	项目：　部　门：　个人： 客户：　业务员：		合计：	910 870.14	772 952.54

会计主管：王 唯　复核：王 唯　记账：王萧萧　出纳：　经办：　制单：王萧萧

绵阳天府有限责任公司

记账凭证

记字第 51 号（2/2）　　记账日期：2014 年 1 月 31 日　　附单 1 张

摘要	会计科目	单位/数量	单价	借方金额	贷方金额
产成品入库	生产成本——工人工资 ——石墨毡				77 386.00
产成品入库	生产成本——制造费用 ——石墨毡				60 531.60
备注	项目：　部　门：　个人： 客户：　业务员：		合计：	910 870.14	910 870.14

会计主管：王 唯　复核：王 唯　记账：王萧萧　出纳：　经办：　制单：王萧萧

产成品入库单

用途：销售		2014 年 01 月 25 日		NO：CP201401003		仓库：产成品库	
类别	编号	名称及规格	单位	数量	单位成本	总成本	说明
	2#	石墨毡	件	34	26 790.2982	910 870.14	
合计							

车间主管：刘一恒　　保管：邓敬辉

52.

绵阳天府有限责任公司

记账凭证

记字第 52 号（1/1）　　记账日期：2014 年 1 月 31 日　　附单 9 张

摘要	会计科目	单位/数量	单价	借方金额	贷方金额
计算销售成本	产品销售成本			1 701 463.83	
计算销售成本	产成品——碳板	件/36	36 957.46		1 330 468.56
计算销售成本	产成品——石墨毡	件/5	34 907.49		174 537.45
计算销售成本	产成品——碳毡	件/13	15 112.14		196 457.82
备注	项目：　部　门：　个人： 客户：　业务员：		合计：	1 701 463.83	1 701 463.83

会计主管：王 唯　复核：王 唯　记账：王萧萧　出纳：　经办：　制单：王萧萧

产成品出库单

用途：销售		2014 年 01 月 01 日		NO：CP20140101	仓库：产成品库	
类别	编号	名称及规格	单位	数量	单位成本	总成本
	1#	碳板	件	10	36 957.46	369 574.60
合计				10	36 957.46	369 574.60

车间主管：刘一恒　　保管：邓敬辉　　收货人：深圳远大有限责任公司

产成品出库单

用途：销售		2014 年 01 月 12 日		NO：CP20140102	仓库：产成品库	
类别	编号	名称及规格	单位	数量	单位成本	总成本
	3#	碳毡		8	15 112.14	120 897.12
合计				8	15 112.14	120 897.12

车间主管：刘一恒　　保管：邓敬辉　　收货人：四川华龙有限责任公司

产成品出库单

用途：销售		2014 年 01 月 12 日		NO：CP20140103	仓库：产成品库	
类别	编号	名称及规格	单位	数量	单位成本	总成本
	1#	碳板		12	36 957.46	443 489.52
合计				12	36 957.46	443 489.52

车间主管：刘一恒　　保管：邓敬辉　　收货人：深圳远大有限责任公司

产成品出库单

用途：销售		2014 年 01 月 10 日		NO：CP20140104	仓库：产成品库	
类别	编号	名称及规格	单位	数量	单位成本	总成本
	2#	石墨毡		5	34 907.49	174 537.45
合计				5	34 907.49	174 537.45

车间主管：刘一恒　　保管：邓敬辉　收货人：**成都蓝天机械有限责任公司**

产成品出库单

用途：销售		2014 年 01 月 10 日		NO：CP20140105	仓库：产成品库	
类别	编号	名称及规格	单位	数量	单位成本	总成本
	2#	碳板		5	36 957.46	184 787.30
合计				5	36 957.46	184 787.30

车间主管：刘一恒　　保管：邓敬辉　收货人：**成都蓝天机械有限责任公司**

产成品出库单

用途：销售		2014 年 01 月 10 日		NO：CP20140106	仓库：产成品库	
类别	编号	名称及规格	单位	数量	单位成本	总成本
	2#	碳板		2	36 957.46	73 914.92
合计				2	36 957.46	73 914.92

车间主管：刘一恒　　保管：邓敬辉　收货人：**昆明瑞地有限责任公司**

产成品出库单

用途：销售		2014 年 01 月 10 日		NO：CP20140107	仓库：产成品库	
类别	编号	名称及规格	单位	数量	单位成本	总成本
	3#	碳毡		5	15 112.14	75 560.70
合计				5	15 112.14	75 560.70

车间主管：刘一恒　　保管：邓敬辉　　收货人：广汉丰达有限责任公司

产成品出库单

用途：销售		2014 年 01 月 13 日		NO：CP20140108	仓库：产成品库	
类别	编号	名称及规格	单位	数量	单位成本	总成本
	1#	碳板		4	36 957.46	147 829.84
合计				4	36 957.46	147 829.84

车间主管：刘一恒　　保管：邓敬辉　　收货人：华岛华硅有限责任公司

产成品出库单

用途：销售		2014 年 01 月 13 日		NO：CP20140109	仓库：产成品库	
类别	编号	名称及规格	单位	数量	单位成本	总成本
	1#	碳板		3	36 957.46	110 872.38
合计				3	36 957.46	110 872.38

车间主管：刘一恒　　保管：邓敬辉　　收货人：华岛华硅有限责任公司

产成品出库单

用途：销售		2014 年 01 月 13 日		NO：CP20140110	仓库：产成品库	
类别	编号	名称及规格	单位	数量	单位成本	总成本
	3#	碳毡		5	30 000.00	150 000.00
合计				5	30 000.00	150 000.00

车间主管：刘一恒　　保管：邓敬辉　　收货人：广汉丰达有限责任公司

53.

绵阳天府有限责任公司

记账凭证

记字第 53 号（1/1）　　记账日期：2014 年 1 月 31 日　　附单 1 张

摘要	会计科目	单位/数量	单价	借方金额	贷方金额
转出未交增值税	应交税费——应交增值税 ——转出未交增值税			158 852.58	
转出未交增值税	应交税费——应交增值税 ——未交增值税				158 852.58
备注	项目：　部　门：　个人： 客户：　业务员：		合计：	158 852.58	158 852.58

会计主管：王 唯　复核：王 唯　记账：王萧萧　出纳：　经办：　制单：王萧萧

未交增值税结转表

2014 年 1 月 31 日

项目	栏次	金额
本期销项税额	1	319 679.91
本期进项税额	2	160 827.33
本期进项税额转出	3	0.00
本期应抵扣税额	4=2－3	160 827.33
本期应纳税额或尚未抵扣金额	5=1－4	158 852.58
	6	
	7	
转出未交增值税合计	8=5	158 852.58

制表：张西西　　复核：王萧萧

54.

绵阳天府有限责任公司

记账凭证

记字第 51 号（1/1）　　记账日期：2014 年 1 月 31 日　　附单 1 张

摘要	会计科目	单位/数量	单价	借方金额	贷方金额
计算销售税金及附加	产品销售税金及附加			17 473.79	
计算销售税金及附加	应交税费——应交城建税				11 119.68
计算销售税金及附加	应交税费——应交教育费附加				4 765.58
计算销售税金及附加	应交税费——应交地方教育费附加				1 588.53
备注	项目：　部　门：　个人： 客户：　业务员：		合计：	17 473.79	17 473.79

会计主管：王唯　复核：王唯　记账：王萧萧　出纳：　经办：　制单：王萧萧

产品销售税金及附加

项目	税率	金额
城市维护建设税	7%	11 119.68
教育费附加	3%	4 765.58
地方教育费附加	1%	1 588.53
合计		17 473.79

55.

绵阳天府有限责任公司

记账凭证

记字第 55 号（1/4） 记账日期： 2014 年 1 月 31 日 附单 1 张

摘要	会计科目	单位/数量	单价	借方金额	贷方金额
结转本期损益	产品销售收入			1 880 470.09	
	本年利润			1 831 455.32	
	本年利润				1 880 470.09
	产品销售成本				1 701 463.83
备注	项目： 部 门： 个人： 客户： 业务员：		合计：	3 711 925.41	3 581 933.92

会计主管：王 唯 复核：王 唯 记账：王萧萧 出纳： 经办： 制单：王萧萧

绵阳天府有限责任公司

记账凭证

记字第 55 号（2/4）　　记账日期：2014 年 1 月 31 日　　附单 1 张

摘要	会计科目	单位/数量	单价	借方金额	贷方金额
	产品销售费用 ——销售人员工资				45 000.00
	产品销售税金及附加				17 473.79
	管理费用——办公费				6 450.00
	管理费用——招待费				5 900.00
备注	项目：　部　门：　个人： 客户：　业务员：		合计：	3 711 925.41	3 656 757.71

会计主管：王唯　复核：王唯　记账：王萧萧　出纳：　经办：　制单：王萧萧

绵阳天府有限责任公司

记账凭证

记字第 55 号（3/4）　　记账日期：2014 年 1 月 31 日　　附单 1 张

摘要	会计科目	单位/数量	单价	借方金额	贷方金额
	管理费用——通讯费				3 280.00
	管理费用——交通费				2 810.00
	管理费用——印花税				96.00
	管理费用——电费				516.35
备注	项目：　部　门：　个人： 客户：　业务员：		合计：	3 711 925.41	3 663 460.06

会计主管：王唯　复核：王唯　记账：王萧萧　出纳：　经办：　制单：王萧萧

绵阳天府有限责任公司

记账凭证

记字第 55 号（4/4）　　记账日期：　2014 年 1 月 31 日　　附单 1 张

摘要	会计科目	单位/数量	单价	借方金额	贷方金额
	管理费用——职工福利费				4 080.00
	管理费用——管理人员工资				25 000.00
	管理费用——折旧				19 368.35
备注	项目：　部　门：　个人： 客户：　业务员：		合计：	3 711 925.41	3 711 908.41

会计主管：王唯　复核：王唯　记账：王萧萧　出纳：　经办：　制单：王萧萧

五、1 月份未入帳原始憑證

1 月 31 日，向昆明瑞地有限責任公司銷售 4 件碳板，總價為 210, 940. 16 元，增值稅為 35, 859. 83 元，代其未付運費 6, 105. 00 元（價稅合計），款未收。

5107110130　　**四川省增值税专用发票**　　**NO 140100009**

记账联

开票日期：2014 年 01 月 30 日

国税函（2014）520 号 北京印钞厂

购货单位	名　　称：昆明瑞地有限责任公司 纳税人识别号：530100024809540 地 址、电 话：昆明街道 87 号 0871—83590143 开户行及账号：工行昆明市支行 871 420 542 368 994 81	密码区	6439-7<6-2-6163　加密版本：01 47<042/52>9/225　51000205720 49521*32-33/537　**00016174** 62>62<6*-/>*46

货物及应税劳务名称	规格型号	单位	数量	单价	金额	税率	税额
碳板	100*100	件	4	52 735.04	210 940.16	17%	35 859.83
合计					210 940.16		35 859.83
纳税合计（大写）	⊗贰拾肆万陆仟柒佰玖拾玖元玖角玖分				（小写）：¥246 799.99		

销货单位	名　　称：绵阳天府有限责任公司 纳税人识别号：510781780000067 地 址、电 话：江油工业开发区会昌西路 0816—33751226 开户行及账号：农行江油市支行 248 110 054 307 456	备注	目的地交货 （绵阳天府有限责任公司 税号：510781780000067 发票专用章）

收款人：绵阳天府有限责任公司　复核：王唯　开票人：王萧萧　销货单位：（章）

第一联：记账联　销售方记账凭证

5107967286411　**货物运输业增值税专用发票**　NO 1400079672

00079672　　　　　　开票日期：2014 年 01 月 31 日

国税函（2014）520 号 北京印钞厂

承运人及纳税人识别号	神速物流运输公司 2103013301301316			密码区	2489-1<9-7-6158　加密版本：01 48<032/52>9/295 42000205720 49741*32-33/537　00016174 43>42<2*-/>*4 3		
实际受票方及纳税人识别号	昆明瑞地有限责任公司 530100024809540						
收货人及纳税人识别号	昆明瑞地有限责任公司 530100024809540			发货人及纳税人识别号	绵阳天府有限责任公司 510781780000067		
起运地、经由、到达地	江油到昆明						
费用项目及金额	费用项目 运费	金额 ￥5 500.00		运输货物信息			
合计金额	￥ 5 500.00	税率	11%	税额	￥ 605.00	机器编号	873901247
纳税合计金额（大写）	陆仟壹佰零伍元整　（小写）￥6 105.00						
车种车号		车船车位		备注			
主管税务机关及代码	江油市地方税务局江油分局						

收款人：　　复核人：　　开票人：　　承运人：（章）

第二联：抵扣联　受票方扣税凭证

产成品出库单

用途：销售		2014 年 01 月 30 日		NO. CP20140111	仓库：产成品库	
类别	编号	名称及规格	单位	数量	单位成本	总成本
	1#	碳板		4	36 957.46	147 829.84
合计				4	36 957.46	147 829.84

车间主管：刘一恒　　保管：邓敬辉　　收货人：昆明瑞地有限责任公司

2.

材料入库单

2014 年 1 月 25 日　　　　　　编号：20140107

材料编号	名称	规格	单位	数量	单价	合计
2#	长纤	&100	吨	20	8 900	178 000.00
销货单位	江油恒润有限责任公司		结算方式		合同号	
备注						

主管：甘甜　　质检员：张扬　　验收：邓敬辉　　经办人：曾德仁

3. C20140102 材料出庫單作廢

六、2 月份原始憑證

1. 1 日，提取現金 5,000 元備用

中国农业银行
现金支票存根（川）

IV　VI53642683

附加信息：

出票日期　2014 年 2 月 1 日

收款人：	绵阳天府有限责任公司
金　额：	5 000.00
用　途：	备用金

单位主管：李飞　　会计：王萧萧

2. 3 日，向四川成都藍天機械有限責任公司銷售 10 件碳氈，金額為 299,145.30 元，稅額為 50,854.70 元，款已付

5107110130　　**四川省增值税专用发票**　　NO 140200011

记账联

开票日期：2014 年 02 月 03 日

国税函（2014）520 号 北京印钞厂

购货单位	名　　称：成都蓝天机械有限责任公司 纳税人识别号：510103240060439 地 址、电 话：成都成华区 48 号 028--88170923 开户行及账号：农行成都光华区支行 248 340 352 377 971				密码区	859-1<9-7-6158　加密版本：01 35<942/52>9/295　51000205720 74541*32-33/573　**00016174** 456342<2*-/*4 7	
货物及应税劳务名称	规格型号	单位	数量	单价	金额	税率	税额
碳毡	60*200	件	10	29 914.53	299 145.3	17%	50 854.70
合计					299 145.3		50 854.70
纳税合计（大写）	⊗叁拾肆万玖仟玖佰玖拾壹元整					（小写）：￥349 991.00	
销货单位	名　　称：绵阳天府有限责任公司 纳税人识别号：510781780000067 地 址、电 话：江油工业开发区会昌西路 0816-33751226 开户行及账号：农行江油市支行 248 110 054 307 456				备注	绵阳天府有限责任公司 税号：510781780000067 发票专用章	

收款人：绵阳天府有限责任公司　复核：王唯　开票人：王萧萧　销货单位：（章）

第一联：记账联 销售方记账凭证

客户收款入账通知单

支付交易序号：90679　委托日期：20140203 务类型：00100-汇兑业务

发起行行号：104562154131

发起行行名：中国农业银行江油市支行

付款人开户行号：104562154131　付款人账号：248110054307456

付款人名称：成都蓝天机械有限责任公司

收款人开户行行号：104567812б　收款人账号：248110054307456

收款人名称：绵阳天府有限责任公司

金额：349 991.00　业务种类：普通汇兑

入账日期：20140203　入账传票号：5424

2014.02.03 银行收讫

3. 3 日，收回遠大公司前欠款 567, 000 元，存入銀行

中国农业银行

客户回执

支付交易序号：90889　日期：20140203　业务类型：00100-汇兑业务

发起行行号：3105840000

发起行行名：上海浦东浦发银行深圳分行

付款人开户行号：3105840000　付款人账号：79140155300210392

付款人名称：深圳远大有限责任公司

收款人开户行行号：1045678126　收款人账号：248110054307456

收款人名称：绵阳天府有限责任公司

金额：567 000.00　业务种类：普通汇兑

入账日期：20140203　入账传票号：8564

（印章：中国农业银行江油支行 2014.02.03 银行收讫）

4. 5 日，採購原材料短纖維 20 噸，金額為 160, 000 元，稅額為 27, 200 元

4100101130　**河南省增值税专用发票**　NO 140105973

发票联

开票日期：2014 年 01 月 12 日

购货单位	名　　称：绵阳天府有限责任公司 纳税人识别号：510781780000067 地 址、电 话：江油工业开发区会昌西路 0816-33751226 开户行及账号：农行江油市支行 248 110 054 307 456	密码区	9539-1<9-7-6158　加密版本：01 53<532/52>9/295　42000205720 471*3532-33/577　**00016174** 42442<0*-/>*3 3

货物及应税劳务名称	规格型号	单位	数量	单价	金额	税率	税额
短纤	&50	吨	20	8 000.00	160 000.00	17%	27 200.00
合计					160 000.00		27 200.00
纳税合计（大写）	⊗壹拾捌万柒仟贰佰元整				（小写）：￥187 200.00		

销货单位	名　　称：郑州吉化有限责任公司 纳税人识别号：410101589052859 地 址、电 话：郑州中州大道以东三条路段 0371--83479821 开户行及账号：农行郑州市支行 648 323 064 325 796	备注	（印章：郑州吉化有限责任公司 税号：410101589052859 发票专用章）

收款人：郑州吉化有限责任公司　复核：邓天南　开票人：黄英　销货单位：（章）

国税函（2014）328 号 北京印钞厂

第三联：发票联　购货方记账凭证

5. 6日開出轉帳支票金額240元，支付上季度報刊費

四川邮政集团（服务）收入发票　　（12） 3号 No 0001034

客户：绵阳天府有限责任公司　　2014年02月06日

项目	规格	单位	数量	金额							备注
				万	千	佰	十	元	角	分	
报刊费						2	4	0	0	0	
金额(大写)：贰佰肆拾元整											

收款人：江油市邮政局　　复核：黄文豪　　开票人：邓东旭　　销货单位：（章）

四川邮政集团业务章

中国农业银行
现金支票存根（川）

IV　VI56232689

附加信息：

出票日期　2014 年 2 月 6 日

收款人：	四川邮政集团
金　额：	240.00
用　途：	报刊费

单位主管：李飞　　会计：王萧萧

七、其他相關資料

1. 增值稅專用發票抵扣聯

江油市增值税专用发票抵扣联认证结果通知书

绵阳天府有限责任公司：

你单位于 2014 年 1 月 31 日报送的防伪税控系统开具的专用发票抵扣联共 8 份。经过认证，认证相符发票 8 份，税额为 133 627 元。现将认证相符的专用发票抵扣联退还给你单位，请查收。

请将认证相符的专用发票抵扣联与本通知书一起装订成册，作为纳税检查的备查资料。

（章）

江油市工业开发区国税分局

2014 年 2 月 7 日

2. 銀行對帳單

銀行對帳單

2014 年 1 月 31 日　　　　單位：元

日期	傳票號	收入金額	支出金額	餘額
2014. 1. 1				3, 874, 870. 31
2014. 1. 4	4795		41, 937. 00	3, 832, 933. 31
2014. 1. 5	2031	50, 000. 00		3, 882, 933. 31
2014. 1. 5	4953	550, 000. 00		4, 432, 933. 31
2014. 1. 6	7743		14, 300. 00	4, 418, 633. 31
2014. 1. 7	3827	56, 000. 00		4, 474, 633. 31
2014. 1. 8	4258	1, 000, 000. 00		5, 474, 633. 31
2014. 1. 10	5932		5, 192. 05	5, 469, 441. 26
2014. 1. 10	9527		150, 000. 00	5, 319, 441. 26
2014. 1. 11	5987		14, 260. 00	5, 305, 181. 26

續表

日期	傳票號	收入金額	支出金額	餘額
2014. 1. 11	5343	100, 000. 00		5, 405, 181. 26
2014. 1. 15	7432		130, 000. 00	5, 275, 181. 26
2014. 1. 20	5674	100, 000. 00		5, 375, 181. 26
2014. 1. 10	1475		100, 000. 00	5, 275, 181. 26
2014. 1. 20	5843		1, 000, 000. 00	4, 275, 181. 26
2014. 1. 21	5494		39, 596. 52	4, 235, 584. 74
2014. 1. 21	5435	150, 000. 00		4, 385, 584. 74
2014. 1. 24	4732	24, 567. 00		4, 410, 151. 74
2014. 1. 25	4432	264, 350. 00		4, 674, 501. 74
2014. 1. 26	7639	200, 000. 00		4, 874, 501. 74
2014. 1. 31	8214		6, 105. 00	4, 868, 396. 74

3. 銀行存款餘額調節表

銀行存款餘額調節表					
備註	項目	金額	備註	項目	金額
	銀行對帳單餘額	4, 868, 396. 74		銀行存款日記帳餘額	4, 424, 502. 00
加	企業已收，銀行未收。		加	銀行已收，企業未收	
減	企業已付，銀行未付。		減	銀行已付，企業未付。	6, 105. 00
	調整後的餘額	4, 868, 396. 74		調整後餘額	4, 418, 397. 00

4. 銀行借款明細表

銀行借款明細表

貸款銀行	借款期限		期初餘額		本期增加			本期歸還		期末餘額		本期實計	借款條件	借款用途
	借款日	約定還款日	利率	本金	日期	利率	本金	日期	本金	利率	本金	利息		
農行江油支行	2005. 11. 20	2015. 11. 20	9%	10, 000, 000						9%	10, 000, 000	75, 000	信用 按年付息	擴大經營
農行江油支行	2008. 01. 15	2014. 07. 15	9%	8, 000, 000						9%	8, 000, 000	60, 000	信用 按年付息	生產週轉
農行江油支行	2010. 09. 27	2014. 09. 27	9%	850, 000						9%	850, 000	6, 375	信用 按年付息	擴大經營

5. 交易提示

2014 年 1 月份：

1 月 6 日，張西西借用備用金 14,300 元；

1 月 7 日，收到深圳遠大欠款 56,000 元；

1 月 5 日，支付工資 655,060 元；

1 月 4 日，採購原材料短纖維 20 噸，金額為 160,000 元，稅額為 27,200 元，共計 187,200 元；

1 月 10 日，交納 2010 年 12 月增值稅 14,260 元；

1 月 10 日，王蕭蕭報銷 19,457 元；

1 月 11 日，收到華島華硅貨款 1,000,000 元；

1 月 11 日，交納稅金 5,192.05 元；

1 月 21 日，支付且分配電費；

1 月 20 日，領用勞保用品 15,920 元；

1 月 20 日，發放春節職工福利 4,080 元；

1 月 24 日，收到青島永昌新材料公司貨款 24,567 元；

1 月 26 日，收到長沙寶林科技公司貨款 200,000 元；

1 月 2 日，向深圳遠大銷售 10 件碳板，金額為 527,350.43 元，稅額為 89,649.57 元，收到現金 50,000 元；

1 月 12 日，向四川華龍銷售 8 件碳氈，金額為 239,316.24 元，稅額為 40,683.76 元，收到現金 100,000 元；

1 月 4 日，採購短纖 20 噸，金額為 64,078.60 元，稅額為 10,893.36 元；

1 月 31 日，代扣員工個人社保 6,000 元；

1 月 7 日，採購輔助材料氬氣 25 瓶，金額為 1,250 元，稅額為 212.5 元；

1 月 7 日，採購原材料 30 噸長纖維，金額為 277,000.20，稅額為 47,090.03 元；

1 月 10 日，採購長纖維 20 噸，金額為 178,000 元，稅額為 30,260 元；

1 月 12 日，銷售石墨氈 5 件，金額為 225,940.17 元，稅額為 38,409.83 元；

1 月 12 日，向德陽耗材有限公司購進加熱管 463 個，金額為 177,792 元，稅額為 30,224.64 元，支付 130,000 元；

1 月 13 日，向成都藍天機械公司銷售碳板 5 件，金額為 2,636,575.21 元，稅額為 44,824.79 元；

1 月 15 日，向石家莊新材料有限公司購進短纖維 15 噸，價值為 52,500 元，稅額為 8,925 元，支付 150,000 元；

1 月 13 日，向昆明瑞地有限責任公司銷售碳板 2 件，金額為 105,470.09 元，稅額為 17,929.91 元；收到款項 100,000 元；

1 月 13 日，向廣漢豐達公司銷售碳氈 5 件，款項為 149,572.65 元，稅額為 25,427.35 元；

1 月 14 日，向華島華硅銷售碳板 4 件，金額為 210,940.17 元，稅額為 35,859.83 元；

1 月 20 日，向華島華硅銷售碳板 3 件，金額為 158,205.13 元，稅額為 26,894.87 元；

1 月 20 日，向德陽開源有限責任公司購進輔助材料氮氣 20 瓶，金額為 900 元，稅額為 153 元；

1 月 10 日，領用短纖維 36 噸生產碳板；

1 月 11 日，領用短纖維 77 噸生產碳板；

1 月 10 日，領用短纖維 57 噸生產碳氈；

1 月 10 日，領用短纖維 90 噸生產石墨氈；

1 月 15 日，領用長纖維 59 噸生產碳板；

1 月 15 日，領用長纖維 29 噸生產碳氈；

1 月 15 日，領用長纖維 47 噸生產石墨氈；

1 月 15 日，領用加熱管 4 套生產石墨氈；

1 月 15 日，領用加熱管 2 套生產碳氈；

1 月 15 日，領用 4 套加熱管生產碳板；

1 月 20 日，領用 210 瓶氮氣生產石墨氈；

1 月 20 日，領用 130 瓶氮氣生產碳氈；

1 月 20 日，領用 260 瓶氮氣生產碳板；

1 月 25 日，領用 86 瓶氫氣生產石墨氈；

1 月 25 日，領用 53 瓶氫氣生產碳氈；

1 月 25 日，領用 106 瓶氫氣生產碳板；

1 月 31 日，計算 1 月工資；

1 月 31 日，計提 1 月折舊；

1 月 31 日，結轉製造費用；

1 月 31 日，36 件碳板入庫；

1 月 31 日，31 件碳氈入庫；

1 月 31 日，34 件石墨氈入庫；

1 月 31 日，計算 1 月銷售成本；

1 月 31 日，轉出未交增值稅；

1 月 31 日，計算銷售稅金及附加；

1 月 31 日，結轉本期損益；

1 月西安環球公司宣告破產，40%貨款無法收回。

6. 交易合同

（1）

產品購銷合同

合同編號：_201401001_

供方：鄭州吉化有限責任公司　　需方：綿陽天府有限責任公司

地址：鄭州中州大道以東三條路段　　地址：江油市工業開發區會昌西路 98 號

營業執照號碼：410103301239817　　營業執照號碼：20000306454257

法定代表人：鄭柯爽　　法定代表人：張道遠

電話：0371-83479821　　電話：0816-3751226

傳真：0371-83479821　　傳真：0816-3751227

供需雙方依據《中華人民共和國合同法》、《中華人民共和國產品質量法》及其他有關法律法規的規定，在平等、自願、協商一致的基礎上，就產品的採購事宜，訂立本合同。

一、產品名稱、商標或品牌、規格、計量單位、單價及數量、金額（不含稅）、交貨時間和地點

品名	規格	單位	數量	單價	金額
短纖	&50	噸	20	3, 203. 93	64, 078. 60
合計					64, 078. 60

（1）交貨時間：2014 年 1 月 8 日。

（2）交貨地點：江油市工業開發區會昌西路 98 號。

二、包裝要求及費用負擔：供貨方負擔

三、質量檢驗及驗收方式：根據 MIL-STD-105E 抽樣表中的 AQL1. 5/4. 0 檢驗

四、付款方式：以簽收貨物時間開始一個月內支付貨款 100 %，計人民幣 壹拾陸萬貳仟元整

五、運輸要求及費用負擔：供貨方負責運輸並負擔相應費用

六、供方違約責任

(1) 產品品種、規格、質量不符合規定，需方同意收貨的，按質論價；需方不同意收貨的，由供方負責處理，並承擔因此造成的損失。

(2) 未按合同規定的數量交貨，而需方仍有需要的，應照數補交，按延期交貨處理。完不成合同任務，不能交貨的，應償付需方應交貨總值 5% 的違約金。

(3) 供方包裝不符合規定，必須返修或重新包裝，供方應承擔支付的費用和損失；需方不要求返修或重新包裝，要求賠償損失的應予賠償損失。

(4) 供方未按合同規定時間交貨，每延期交貨一天，應按總貨款的 0.1 % 支付違約金。

(5) 不符合合同規定的產品，在需方代保管期內，應償付需方實際支付的保管、保養費。

七、需方違約責任

(1) 變更產品品種、規格、質量或包裝規格給供方造成損失時，應賠償供方實際損失。

(2) 未按合同規定日期付款而造成的損失由需方承擔。

(3) 未按合同規定日期提取貨物的保存費用，造成的損失由需方承擔。

(4) 實行送貨或代運的產品無故拒絕接貨，應承擔因此造成的損失和運輸部門的罰金。

八、不可抗力

任何一方由於不可抗力且自身無過錯造成的不能履行或部分不能履行本合同的義務將不視為違約，但應在條件允許下採取必要的補救措施，以減少不可抗力造成的損失。遇有不可抗力的一方，應在 2 日內將事件的情況以書面形式通知對方，並在事件發生後 3 日內，提交不能履行或者部分不能履行本合同以及需要延期履行的理由的證明。

九、解決爭議的方法

供需雙方在履行本合同過程中發生爭議，應協商解決。協商不成，可以到當地申請仲裁或依法起訴。

十、合同履行期內，雙方不得隨意變更或解除合同，合同若有未盡事宜，須經雙方共同協商，簽訂補充協議；補充協議與合同具有同等效力。

十一、本合同一式兩份，供需雙方各執一份，自雙方簽字或蓋章之日起生效。

需方（公章）：	供方（公章）：
委託代理人（簽字）：	委託代理人（簽字）：張偉杰
開戶銀行：中國農業銀行綿陽市江油支行	開戶銀行：中國工商銀行鄭州市支行
帳　　號：329583479679486	帳　　號：248110054307456
日　　期：2014 年 01 月 01 日	日　　期：2014 年 01 月 01 日

（2）

產品購銷合同

合同編號：_201401002_

供方：綿陽天府有限責任公司	需方：華島華硅有限責任公司
地址：江油市工業開發區會昌西路 98 號	地址：上海市上海路 23 號
營業執照號碼：20000306454257	營業執照號碼：33020310987897
法定代表人：張道遠	法定代表人：任旭東
電話：0816-3751226	電話：0532-81452793
傳真：0816-3751227	傳真：0532-81452793

供需雙方依據《中華人民共和國合同法》、《中華人民共和國產品質量法》及其他有關法律法規的規定，在平等、自願、協商一致的基礎上，就產品的採購事宜，訂立本合同。

一、產品名稱、商標或品牌、規格、計量單位、單價及數量、金額（不含稅）、交貨時間和地點

品名	規格	單位	數量	單價	金額
碳板	100＊100	件	3	52, 735. 04	158, 205. 13
合計					158, 205. 13

（1）交貨時間：2014 年 1 月 20 日。

（2）交貨地點：供貨方倉庫。

二、包裝要求及費用負擔：供貨方負擔

三、質量檢驗及驗收方式：根據 MIL-STD-105E 抽樣表中的 AQL1. 5/4. 0 檢驗

四、付款方式：以提取貨物時間開始一個月內支付貨款＿100＿%，計人民幣＿壹拾伍萬捌仟貳佰零伍元壹角叁分＿。

五、運輸要求及費用負擔：購貨方自行負責運輸並負擔相應費用。

六、供方違約責任

(1) 產品品種、規格、質量不符合規定，需方同意收貨的，按質論價；需方不同意收貨的，由供方負責處理，並承擔因此造成的損失。

(2) 未按合同規定的數量交貨，而需方仍有需要的，應照數補交，按延期交貨處理。完不成合同任務，不能交貨的，應償付需方應交貨總值＿10%＿的違約金。

(3) 供方包裝不符合規定，必須返修或重新包裝，供方應承擔支付的費用和損失；需方不要求返修或重新包裝，要求賠償損失的應予賠償損失。

(4) 供方未按合同規定時間交貨，每延期交貨一天，應按總貨款的＿0.2＿%支付違約金。

(5) 不符合合同規定的產品，在需方代保管期內，應償付需方實際支付的保管、保養費。

(6) 產品錯發到貨地點或接貨單位，除按合同規定負責運達到貨地點或接貨單位外，並承擔因而多付的運雜費和造成延期交貨的責任。

七、需方違約責任

(1) 變更產品品種、規格、質量或包裝規格給供方造成損失時，應賠償供方實際損失。

(2) 未按合同規定日期付款而造成的損失由需方承擔。

(3) 未按合同規定日期提取貨物的保存費用、造成的損失由需方承擔。

(4) 實行送貨或代運的產品無故拒絕接貨，應承擔因此造成的損失和運輸部門的罰金。

八、不可抗力

任何一方由於不可抗力且自身無過錯造成的不能履行或部分不能履行本合同的義務將不視為違約，但應在條件允許下採取必要的補救措施，以減少不可抗力造成的損失。遇有不可抗力的一方，應在＿2＿日內將事件的情況以書面形式通知對方，並在事件發生後＿3＿日內，提交不能履行或者部分不能履行本合同以及需要延期履行的理由的證明。

九、解決爭議的方法

供需雙方在履行本合同過程中發生爭議，應協商解決。協商不成，可以到當地申請仲裁或依法起訴。

十、合同履行期內，雙方不得隨意變更或解除合同，合同若有未盡事宜，須經雙方共同協商，簽訂補充協議；補充協議與合同具有同等效力。

十一、本合同一式兩份，供需雙方各執一份，自雙方簽字或蓋章之日起生效。

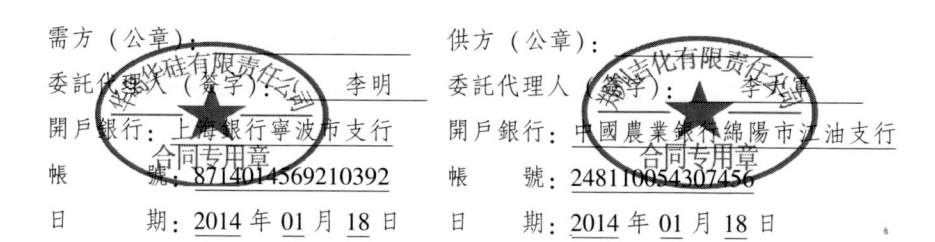

需方（公章）：	供方（公章）：
委託代理人（簽字）： 李明	委託代理人（簽字）： 李天軍
開戶銀行：上海銀行寧波市支行	開戶銀行：中國農業銀行綿陽市江油支行
帳　　號：8714014569210392	帳　　號：248110054307456
日　　期：2014年01月18日	日　　期：2014年01月18日

（3）

產品購銷合同

合同編號：_201401003_

供方：綿陽天府有限責任公司	需方：成都藍天機械有限責任公司
地址：江油市工業開發區會昌西路98號	地址：成都市成華區48號
營業執照號碼：20000306454257	營業執照號碼：510109000033786
法定代表人：張道遠	法定代表人：黃有道
電話：0816-3751226	電話：028-88170923
傳真：0816-3751227	傳真：028-88170923

供需雙方依據《中華人民共和國合同法》《中華人民共和國產品質量法》及其他有關法律、法規的規定，在平等、自願、協商一致的基礎上，就產品的採購事宜，訂立本合同。

一、產品名稱、商標或品牌、規格、計量單位、單價及數量、金額（不含稅）、交貨時間和地點

品　名	規格	單位	數量	單價	金額
碳板	100＊200	件	5	52,735.04	263,675.21
合計					263,675.21

（1）交貨時間：2014年1月13日。

（2）交貨地點：供貨方倉庫。

二、包裝要求及費用負擔：供貨方負擔。

三、質量檢驗及驗收方式：根據 MIL-STD-105E 抽樣表中的 AQL1.5/4.0 檢驗。

四、付款方式：以提取貨物時間開始一個月內支付貨款 100 %，計人民幣 貳拾陸萬叁仟陸佰柒拾伍元貳角壹分 。

五、運輸要求及費用負擔：購貨方自行負責運輸並負擔相應費用。

六、供方違約責任

(1) 產品品種、規格、質量不符合規定，需方同意收貨的，按質論價；需方不同意收貨的，由供方負責處理，並承擔因此造成的損失。

(2) 未按合同規定的數量交貨，而需方仍有需要的，應照數補交，按延期交貨處理。完不成合同任務，不能交貨的，應償付需方應交貨總值 8% 的違約金。

(3) 供方包裝不符合規定，必須返修或重新包裝，供方應承擔支付的費用和損失；需方不要求返修或重新包裝，要求賠償損失的應予賠償損失。

(4) 供方未按合同規定時間交貨，每延期交貨一天，應按總貨款的 0.1 %支付違約金。

(5) 不符合同規定的產品，在需方代保管期內，應償付需方實際支付的保管、保養費。

(6) 產品錯發到貨地點或接貨單位，除按合同規定負責運達到貨地點或接貨單位外，並承擔因而多付的運雜費和造成延期交貨的責任。

七、需方違約責任

(1) 變更產品品種、規格、質量或包裝規格給供方造成損失時，應賠償供方實際損失。

(2) 未按合同規定日期付款而造成的損失由需方承擔。

(3) 未按合同規定日期提取貨物的保存費用、造成的損失由需方承擔。

(4) 實行送貨或代運的產品無故拒絕接貨，應承擔因此造成的損失和運輸部門的罰金。

八、不可抗力

任何一方由於不可抗力且自身無過錯造成的不能履行或部分不能履行本合同的義務將不視為違約，但應在條件允許下採取必要的補救措施，以減少不可抗力造成的損失。遇有不可抗力的一方，應在 2 日內將事件的情況以書面形式通知對方，並在事件發生後 3 日內，提交不能履行或者部分不能履行本合同以及需要延期履行的理由的證明。

九、解決爭議的方法

供需雙方在履行本合同過程中發生爭議，應協商解決。協商不成，可以到當地申請仲裁或依法起訴。

十、合同履行期內，雙方不得隨意變更或解除合同，合同若有未盡事宜，須經雙方共同協商，簽訂補充協議；補充協議與合同具有同等效力。

十一、本合同一式兩份，供需雙方各執一份，自雙方簽字或蓋章之日起生效。

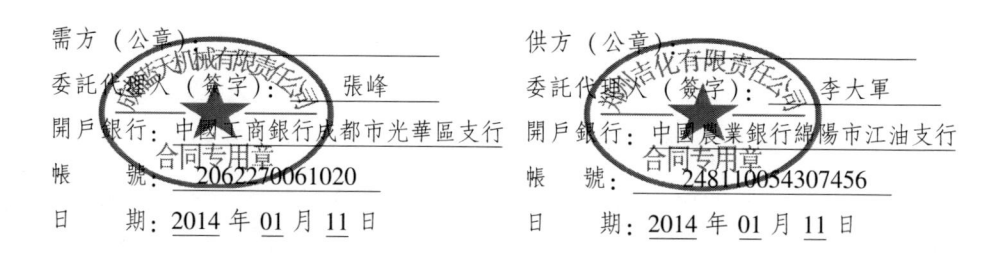

需方（公章）：

委託代理人（簽字）：張峰

開戶銀行：中國工商銀行成都市光華區支行

帳　　號：2062270061020

日　　期：2014 年 01 月 11 日

供方（公章）：

委託代理人（簽字）：李大軍

開戶銀行：中國農業銀行綿陽市江油支行

帳　　號：2481100543074566

日　　期：2014 年 01 月 11 日

第四部分
實質性工作底稿

實質性工作底稿

貨幣資金實質性程序

貨幣資金審定表

被審計單位：＿＿＿＿＿＿＿＿＿＿　索引號：＿＿＿＿＿＿＿＿＿＿

項目：＿＿＿＿＿＿＿＿＿＿　財務報表截止日/期間：＿＿＿＿＿＿＿＿＿＿

編製人：＿＿＿＿＿＿＿＿＿＿　復核人：＿＿＿＿＿＿＿＿＿＿

日期：＿＿＿＿＿＿＿＿＿＿　日期：＿＿＿＿＿＿＿＿＿＿

項目名稱	上期末審定數	帳項調整		重分類調整		期末審定數	期末未審數	索引號
		借方	貸方	借方	貸方			
合計								
調整分錄：								
內容	科目	金額	金額	金額	金額			

審計結論：

庫存現金監盤表

被審計單位：______________________　索引號：______________________

項目：______________________　財務報表截止日/期間：______________________

編製人：______________________　復核人：______________________

日期：______________________　日期：______________________

檢查盤點記錄					實有庫存現金盤點記錄						
項目	項次	人民幣	美元	___幣	面額	人民幣		美元		___幣	
						張	金額	張	金額	張	金額
上一日帳面庫存餘額											
盤點日未記帳憑證收入金額											
盤點日未記帳憑證支出金額											
盤點日帳面應有金額											
盤點實有庫存現金數額											
盤點日應有與實有差異											
差異原因分析：白條抵庫											
追溯調整：報表日至審計日庫存現金付出總額											
追溯調整：報表日至審計日庫存現金收入總額											
追溯調整：報表日庫存現金應有餘額											
追溯調整：報表日帳面匯率											
追溯調整：報表日餘額折合本位幣金額											
本位幣合計											

出納員：　　會計主管人員：　　監盤人：　　檢查日期：

審計說明：

銀行存款明細表

被審計單位：______________ 索引號：______________

項目：______________ 財務報表截止日/期間：______________

編製人：______________ 復核人：______________

日期：______________ 日期：______________

序號	開戶行	帳號	是否系質押、凍結等對變現有限制或存在境外的款項	期初餘額	本期增加數	本期減少數	期末餘額	銀行對帳單餘額	銀行存款餘額調節表索引號	調整後是否相符
				①	②	③	④=①+②-③	⑤		
1										
2										
3										
	合計									

審計說明：

對銀行存款餘額調節表的檢查

被審計單位：________________ 索引號：________________

項目：________________ 財務報表截止日/期間：________________

編製人：________________ 復核人：________________

日期：________________ 日期：________________

開戶銀行： ________ **銀行帳號：** ________ **幣種：** ________

項　　目	金額	調節項目說明	是否需要審計調整
經辦會計人員（簽字）：		會計主管（簽字）：	

審計說明：

索引號________

銀行詢證函

編號：01

________________：

本公司聘請的____ 會計師事務所正在對本公司____年_ 月財務報表進行審計，按照中國註冊會計師審計準則的要求，應當詢證本公司與貴行相關的信息。下列信息出自本公司記錄，如與貴行記錄相符，請在本函下端“信息證明無誤”處簽章證明；如有不符，請在“信息不符”處列明不符項目及具體內容；如存在與本公司有關的未列入本函的其他重要信息，也請在“信息不符”處列出其詳細資料。回函請直接寄至______會計師事務所。

回函地址：　　　　　　　　　　郵編：

電話：　　　　　　　　傳真：　　　　　　　　聯繫人：

截至　　年　月　　日止，本公司與貴行相關的信息列示如下：

1. 銀行存款

帳戶名稱	銀行帳號	幣種	利率	餘額	起止日期	是否被質押、用於擔保或存在其他使用限制	備註

除上述列示的銀行存款外，本公司並無在貴行的其他存款。

註：“起止日期”一欄僅適用於定期存款，如為活期或保證金存款，可填寫“活期”或“保證金”字樣。

2. 銀行借款

借款人名稱	幣種	本息餘額	借款日期	到期日期	利率	借款條件	抵（質）押品/擔保人	備註

除上述列示的銀行借款外，本公司並無自貴行的其他借款。

註：此項僅函證截至資產負債表日本公司尚未歸還的借款。

3. 截至函證日之前 12 個月內註銷的帳戶

帳戶名稱	銀行帳號	幣　種	註銷帳戶日

除上述列示的帳戶外，本公司並無截至函證日之前 12 個月內在貴行註銷的其他帳戶。

4. 擔保

（1）本公司為其他單位提供的、以貴行為擔保受益人的擔保

被擔保人	擔保方式	擔保金額	擔保期限	擔保事由	擔保合同編號	被擔保人與貴行就擔保事項往來的內容（貸款等）	備註

除上述列示的擔保外，本公司並無其他以貴行為擔保受益人的擔保。

註：如採用抵押或質押方式提供擔保的，應在備註中說明抵押或質押物情況。

（2）貴行向本公司提供的擔保

被擔保人	擔保方式	擔保金額	擔保期限	擔保事由	擔保合同編號	備註

除上述列示的擔保外，本公司並無貴行提供的其他擔保。

5. 本公司存放於貴行的有價證券或其他產權文件

有價證券或其他產權文件名稱	產權文件編號	數量	金額

除上述列示的有價證券或其他產權文件外，本公司並無存放於貴行的其他有價證券或其他產權文件。

6. 其他重大事項

註：此項應填列註冊會計師認為重大且應予函證的其他事項，如信託存款等；如無則應填寫“不適用”。

（公司蓋章）

年　月　日

------以下僅供被詢證銀行使用------

結論：

1. 信息證明無誤。 （銀行蓋章） 年　月　日 經辦人：	2. 信息不符，請列明不符項目及具體內容（對於在本函前述第1項至第6項中漏列的其他重要信息，請列出詳細資料）。 （銀行蓋章） 年　月　日 經辦人：

索引號________

銀行詢證函

編號：02

______________：

本公司聘請的____ 會計師事務所正在對本公司____年__ 月財務報表進行審計，按照中國註冊會計師審計準則的要求，應當詢證本公司與貴行相關的信息。下列信息出自本公司記錄，如與貴行記錄相符，請在本函下端“信息證明無誤”處簽章證明；如有不符，請在“信息不符”處列明不符項目及具體內容；如存在與本公司有關的未列入本函的其他重要信息，也請在“信息不符”處列出其詳細資料。回函請直接寄至______會計師事務所。

回函地址： 郵編：

電話： 傳真： 聯繫人：

截至 年 月 日止，本公司與貴行相關的信息列示如下：

1. 銀行存款

帳戶名稱	銀行帳號	幣種	利率	餘額	起止日期	是否被質押、用於擔保或存在其他使用限制	備註

除上述列示的銀行存款外，本公司並無在貴行的其他存款。

註：“起止日期”一欄僅適用於定期存款，如為活期或保證金存款，可填寫“活期”或“保證金”字樣。

2. 銀行借款

借款人名稱	幣種	本息餘額	借款日期	到期日期	利率	借款條件	抵（質）押品/擔保人	備註

除上述列示的銀行借款外，本公司並無自貴行的其他借款。

註：此項僅函證截至資產負債表日本公司尚未歸還的借款。

3. 截至函證日之前 12 個月內註銷的帳戶

帳戶名稱	銀行帳號	幣 種	註銷帳戶日

除上述列示的帳戶外，本公司並無截至函證日之前 12 個月內在貴行註銷的其他帳戶。

4. 擔保

(1) 本公司為其他單位提供的、以貴行為擔保受益人的擔保

被擔保人	擔保方式	擔保金額	擔保期限	擔保事由	擔保合同編號	被擔保人與貴行就擔保事項往來的內容（貸款等）	備註

除上述列示的擔保外，本公司並無其他以貴行為擔保受益人的擔保。

註：如採用抵押或質押方式提供擔保的，應在備註中說明抵押或質押物情況。

(2) 貴行向本公司提供的擔保

被擔保人	擔保方式	擔保金額	擔保期限	擔保事由	擔保合同編號	備註

除上述列示的擔保外，本公司並無貴行提供的其他擔保。

5. 本公司存放於貴行的有價證券或其他產權文件

有價證券或其他產權文件名稱	產權文件編號	數量	金額

除上述列示的有價證券或其他產權文件外，本公司並無存放於貴行的其他有價證券或其他產權文件。

6. 其他重大事項

註：此項應填列註冊會計師認為重大且應予函證的其他事項，如信託存款等；如無則應填寫"不適用"。

(公司蓋章)

年 月 日

以下僅供被詢證銀行使用

結論：

1. 信息證明無誤。 (銀行蓋章) 年 月 日 經辦人：	2. 信息不符，請列明不符項目及具體內容（對於在本函前述第1項至第6項中漏列的其他重要信息，請列出詳細資料）。 (銀行蓋章) 年 月 日 經辦人：

銀行存款函證結果匯總表

被審計單位：________　　索引號：________

項目：________　　財務報表截止日/期間：________

編製人：________　　復核人：________

日期：________　　日期：________

開戶銀行	帳號	幣種	函證情況					凍結、質押等事項說明	備註
			帳面餘額	函證日期	回函日期	回函金額	金額差異		

審計說明：

貨幣資金收支檢查情況表

被審計單位名稱：________　　索引號：________
項目：________　　財務報表截止日/期間：________
編製人：________　　復核人：________
日期：________　　日期：________
抽樣　　樣本數量：________
方法：________　　樣本金額：________
總體數量：________　　樣本數量占在總體數量之比：________
總體金額：________　　樣本金額占總體金額之比：________

記帳日期	憑證編號	業務內容	對應科目	金額	核對內容(用"√"、"×"表示)					備註
					1	2	3	4	5	

核對內容說明：

1. 原始憑證是否齊全；2. 記帳憑證與原始憑證是否相符；3. 帳務處理是否正確；4. 是否記錄於恰當的會計期間；5. ……

對不符事項的處理：

編製說明：

審計說明：

應收帳款實質性程序

應收帳款審定表

被審計單位：______________ 索引號：______________
項目：______________ 財務報表截止日/期間：______________
編製人：______________ 復核人：______________
日期：______________ 日期：______________

項目名稱	期末 未審數	帳項調整		重分類調整		期末 審定數	上期末 審定數	索引號
		借方	貸方	借方	貸方			
內容	科目	金額	金額	金額	金額			

審計結論：

應收帳款明細表

被審計單位：＿＿＿＿＿＿　　索引號：＿＿＿＿＿＿

項目：＿＿＿＿＿＿　　財務報表截止日／期間：＿＿＿＿＿＿

編製人：＿＿＿＿＿＿　　復核人：＿＿＿＿＿＿

日期：＿＿＿＿＿＿　　日期：＿＿＿＿＿＿

項目名稱	期末未審數					帳項調整		重分類調整		期末審定數				
	合計	1年以內	1年至2年	2年至3年	3年以上	借方	貸方	借方	貸方	合計	1年以內	1年至2年	2年至3年	3年以上
一、關聯方														
二、非關聯方														
合　計														

審計說明：

索引號：
編號：01

應收帳款詢證函

________公司：

本公司聘請的________會計師事務所正在對本公司____年____月財務報表進行審計，按照中國註冊會計師審計準則的要求，應當詢證本公司與貴公司的往來帳項等事項。下列信息出自本公司帳簿記錄，如與貴公司記錄相符，請在本函下端“信息證明無誤”處簽章證明；如有不符，請在“信息不符”處列明不符項目。如存在與本公司有關的未列入本函的其他項目，也請在“信息不符”處列出這些項目的金額及詳細資料。回函請直接寄至________會計師事務所。

回函地址： 郵編：

電話： 傳真： 聯繫人：

1. 本公司與貴公司的往來帳項列示如下：

單位：元

截止日期	貴公司欠	欠貴公司	備　註

2. 其他事項。

本函僅為復核帳目之用，並非催款結算。若款項在上述日期之後已經付清，仍請及時函復為盼。

（公司蓋章）
年　月　日

結論：

1. 信息證明無誤。	2. 信息不符，請列明不符項目及具體內容。
（公司蓋章） 經辦人：	（公司蓋章） 年　月　日 經辦人：

索引號：
編號：02

應收帳款詢證函

__________公司：

本公司聘請的________會計師事務所正在對本公司____年____月財務報表進行審計，按照中國註冊會計師審計準則的要求，應當詢證本公司與貴公司的往來帳項等事項。下列信息出自本公司帳簿記錄，如與貴公司記錄相符，請在本函下端“信息證明無誤”處簽章證明；如有不符，請在“信息不符”處列明不符項目。如存在與本公司有關的未列入本函的其他項目，也請在“信息不符”處列出這些項目的金額及詳細資料。回函請直接寄至________會計師事務所。

回函地址：　　　　　　　　　郵編：

電話：　　　傳真：　　　　　聯繫人：

1. 本公司與貴公司的往來帳項列示如下：　　　　　　單位：元

截止日期	貴公司欠	欠貴公司	備　註

2. 其他事項。

本函僅為復核帳目之用，並非催款結算。若款項在上述日期之後已經付清，仍請及時函復為盼。

（公司蓋章）
年　月　日

結論：

1. 信息證明無誤。	2. 信息不符，請列明不符項目及具體內容。
（公司蓋章） 經辦人：	（公司蓋章） 年　月　日 經辦人：

應收帳款函證結果匯總表

被審計單位：________________ 索引號：________________

項目：________________ 財務報表截止日/期間：________________

編製人：________________ 復核人：________________

日期：________________ 日期：________________

項目 單位名稱	詢函編號	函證方式	函證日期		回函日期	帳面金額	回函金額	經調節後是否存在差異	調節表索引號
			第一次	第二次					

說明： 1. 抽取企業應收帳款樣本戶數：________ 2. 抽取樣本的總金額：________

3. 收到回函的樣本金額：________ 4. 回函可以確認的金額：________

5. 企業期末應收帳款客戶總數：________ 6. 企業期末應收帳款總金額：________

7. 樣本數量占總體數量比：________ 8. 樣本金額占總體金額比：________

9. 通過替代審計程序可確認的金額：________

10. 選取樣本依據：( ) 大額 ( ) 異常 ( ) 跨期 ( ) 帳齡長 ( ) 隨機

審計說明：

應收帳款函證結果調節表

被審計單位：______________ 索引號：______________

項目：______________ 財務報表截止日/期間：______________

編製人：______________ 復核人：______________

日期：______________ 日期：______________

被詢證單位：______________

回函日期：______________

金額

1. 被詢證單位回函餘額 ______

2. 減：被詢證單位已記錄項目

序號	日期	摘要（運輸途中、存在爭議的項目等）	憑證號	金額
1				
2				
3				
合計				

3. 加：被審計單位已記錄項目

序號	日期	摘要（運輸途中、存在爭議的項目等）	憑證號	金額
1				
2				
3				
合計				

4. 調節後金額： ______

5. 被審計單位帳面金額： ______

6. 調節後是否存在差異，差異金額 ______

審計說明：

應收帳款函證替代測試表

被審計單位：＿＿＿＿＿＿＿＿　索引號：＿＿＿＿＿＿＿＿

項目：＿＿＿＿＿＿＿＿　財務報表截止日/期間：＿＿＿＿＿＿＿＿

編製人：＿＿＿＿＿＿＿＿　復核人：＿＿＿＿＿＿＿＿

日期：＿＿＿＿＿＿＿＿　日期：＿＿＿＿＿＿＿＿

一、期初餘額							0
二、借方發生額							
入帳金額				檢查內容（用“√”、“×”表示）			
序號	日期	憑證號	金額	①	②	③	④
1							
2							
3							
小計							
全年借方發生額合計							
測試金額占全年借方發生額的比例							
三、貸方發生額							–
入帳金額				檢查內容（用“√”、“×”表示）			
序號	日期	憑證號	金額	①	②	③	④
1							
2							
3							
…							
小計							
全年貸方發生額合計							
測試金額占全年貸方發生額的比例							
四、期末餘額							
五、期後收款檢查							
檢查內容說明：①原始憑證是否齊全；②記帳憑證與原始憑證是否相符；③帳務處理是否正確；④是否記錄於恰當的會計期間；⑤……							

審計說明：

應收帳款壞帳準備計算表

被審計單位：＿＿＿＿＿＿＿＿　索引號：＿＿＿＿＿＿＿＿

項目：＿＿＿＿＿＿＿＿　財務報表截止日/期間：＿＿＿＿＿＿＿＿

編製人：＿＿＿＿＿＿＿＿　復核人：＿＿＿＿＿＿＿＿

日期：＿＿＿＿＿＿＿＿　日期：＿＿＿＿＿＿＿＿

<table>
<tr><td colspan="5">計 算 過 程</td><td>索引號</td></tr>
<tr><td colspan="4">一、壞帳準備本期期末應有金額①=②+③</td><td>＿＿＿（1）</td><td></td></tr>
<tr><td colspan="6">1. 個別認定法 壞帳準備應有餘額</td></tr>
<tr><td colspan="2">單位名稱</td><td colspan="3">金額</td><td></td></tr>
<tr><td colspan="2"></td><td colspan="3"></td><td></td></tr>
<tr><td colspan="2"></td><td colspan="3"></td><td></td></tr>
<tr><td colspan="2"></td><td colspan="3"></td><td></td></tr>
<tr><td colspan="2">合　計</td><td colspan="3">＿＿＿（2）</td><td></td></tr>
<tr><td colspan="6">2. 餘額百分比法 壞帳準備應有餘額</td></tr>
<tr><td>項 目</td><td>帳齡</td><td>應收帳款
餘額</td><td>壞帳準備
計提比例</td><td>壞帳準備
應有餘額</td><td></td></tr>
<tr><td></td><td></td><td></td><td>×＿＿%</td><td></td><td></td></tr>
<tr><td></td><td></td><td></td><td>×＿＿%</td><td></td><td></td></tr>
<tr><td></td><td></td><td></td><td>×＿＿%</td><td></td><td></td></tr>
<tr><td></td><td></td><td></td><td>×＿＿%</td><td></td><td></td></tr>
<tr><td></td><td>合　計</td><td></td><td></td><td>＿＿＿（3）</td><td></td></tr>
<tr><td colspan="4">三、壞帳準備上期審定數</td><td>＿＿＿（4）</td><td></td></tr>
<tr><td colspan="6">四、壞帳準備本期轉出（核銷）金額</td></tr>
<tr><td colspan="2">單位名稱</td><td colspan="3">金額</td><td></td></tr>
<tr><td colspan="2"></td><td colspan="3"></td><td></td></tr>
<tr><td colspan="2"></td><td colspan="3"></td><td></td></tr>
<tr><td colspan="2"></td><td colspan="3"></td><td></td></tr>
<tr><td colspan="2"></td><td colspan="3"></td><td></td></tr>
<tr><td colspan="2"></td><td colspan="3"></td><td></td></tr>
<tr><td colspan="2">合　計</td><td colspan="3">＿＿＿（5）</td><td></td></tr>
<tr><td colspan="4">五、計算壞帳準備本期全部應計提金額(6)=(1)-(4)+(5)</td><td>＿＿＿（6）</td><td></td></tr>
</table>

差異：

審計說明：

預付帳款實質性程序

預付帳款審定表

被審計單位：__________ 索引號：__________

項目：__________ 財務報表截止日/期間：__________

編製人：__________ 復核人：__________

日期：__________ 日期：__________

項目名稱	上期末審定數	帳項調整		重分類調整		期末審定數	期末未審數	索引號
		借方	貸方	借方	貸方			
調整分錄：								
內容	科目	金額	金額	金額	金額			

審計說明：

審計結論：

預付帳款明細表

被審計單位：__________ 索引號：__________

項目：__________ 財務報表截止日/期間：__________

編製人：__________ 復核人：__________

日期：__________ 日期：__________

項目名稱	期末未審數					帳項調整		重分類調整		期末審定數				
	合計	1 年以內	1 年至 2 年	2 年至 3 年	3 年以上	借方	貸方	借方	貸方	合計	1 年以內	1 年至 2 年	2 年至 3 年	3 年以上
一、關聯方														
二、非關聯方														
合　計														

審計說明：

預付帳款檢查表

被審計單位：＿＿＿＿＿＿＿＿ 索引號：＿＿＿＿＿＿＿＿

項目：＿＿＿＿＿＿＿＿ 財務報表截止日/期間：＿＿＿＿＿＿＿＿

編製人：＿＿＿＿＿＿＿＿ 復核人：＿＿＿＿＿＿＿＿

日期：＿＿＿＿＿＿＿＿ 日期：＿＿＿＿＿＿＿＿

樣本數量： 樣本數量占總體數量之比： % 選樣方法：

總體數量： 樣本金額占預付帳款帳面金額比： %

記帳日期	憑證編號	業務內容	對應科目	金額	核對內容(用"√"、"×"表示)					備註
					1	2	3	4	5	
核對內容說明：1. 原始憑證是否齊全；2. 記帳憑證與原始憑證是否相符；3. 是否記錄於恰當的會計期間 4. 帳務處理是否正確；5. ……										

審計說明：

存貨實質性程序

存貨審定表

被審計單位：＿＿＿＿＿＿　索引號：＿＿＿＿＿＿

項目：＿＿＿＿＿＿　財務報表截止日/期間：＿＿＿＿＿＿

編製人：＿＿＿＿＿＿　復核人：＿＿＿＿＿＿

日期：＿＿＿＿＿＿　日期：＿＿＿＿＿＿

存貨項目	上期末審定數	帳項調整		重分類調整		期末審定數	期末未審數	索引號
		借方	貸方	借方	貸方			

續表

存貨項目	上期末審定數	帳項調整		重分類調整		期末審定數	期末未審數	索引號
		借方	貸方	借方	貸方			
調整分錄：								
內容	科目	金額	金額	金額	金額			

審計結論：

存貨類別明細表

被審計單位：________　索引號：________

項目：________　財務報表截止日/期間：________

編製人：________　復核人：________

日期：________　日期：________

存貨類別	名稱、規格	期初餘額	本期增加	本期減少	期末餘額
合計					

審計說明：

存貨入庫截止測試

被審計單位：________________　索引號：________________

項目：________________　財務報表截止日/期間：________________

編製人：________________　復核人：________________

日期：________________　日期：________________

一、從存貨明細帳的借方發生額中抽取樣本與入庫記錄核對，以確定存貨入庫被記錄在正確的會計期間

序號	摘要	明細帳憑證			入庫單（或購貨發票）			是否跨期
		編號	日期	金額	編號	日期	金額	
截止日前 截止日期： 截止日後								

二、從存貨入庫記錄抽取樣本與明細帳的借方發生額核對，以確定存貨入庫被記錄在正確的會計期間

序號	摘要	入庫單（或購貨發票）			明細帳憑證			是否跨期
		編號	日期	金額	編號	日期	金額	
截止日前 截止日期： 截止日後								

編製說明：本表適用於材料採購/在途物資、原材料、在產品、庫存商品等。

審計說明：

存貨出庫截止測試

被審計單位：______________________ 索引號：______________________

項目：______________________ 財務報表截止日/期間：______________

編製人：______________________ 復核人：______________________

日期：______________________ 日期：______________________

一、從存貨明細帳的貸方發生額中抽取樣本與出庫記錄核對，以確定存貨出庫被記錄在正確的會計期間

<table>
<tr><th rowspan="2">序號</th><th rowspan="2">摘要</th><th colspan="4">明細帳憑證</th><th colspan="4">出庫單（或銷售發票）</th><th rowspan="2">是否跨期</th></tr>
<tr><th>編號</th><th>日期</th><th>數量</th><th>金額</th><th>編號</th><th>日期</th><th>數量</th><th>金額</th></tr>
<tr><td></td><td></td><td></td><td></td><td></td><td></td><td></td><td></td><td></td><td></td><td></td></tr>
<tr><td></td><td></td><td></td><td></td><td></td><td></td><td></td><td></td><td></td><td></td><td></td></tr>
<tr><td colspan="11">截止日前
截止日期：
截止日後</td></tr>
<tr><td></td><td></td><td></td><td></td><td></td><td></td><td></td><td></td><td></td><td></td><td></td></tr>
<tr><td></td><td></td><td></td><td></td><td></td><td></td><td></td><td></td><td></td><td></td><td></td></tr>
</table>

二、從存貨出庫記錄抽取樣本與明細帳的貸方發生額核對，以確定存貨出庫被記錄在正確的會計期間

<table>
<tr><th rowspan="2">序號</th><th rowspan="2">摘要</th><th colspan="4">出庫單（或銷售發票）</th><th colspan="4">明細帳憑證</th><th rowspan="2">是否跨期</th></tr>
<tr><th>編號</th><th>日期</th><th>數量</th><th>金額</th><th>編號</th><th>日期</th><th>數量</th><th>金額</th></tr>
<tr><td></td><td></td><td></td><td></td><td></td><td></td><td></td><td></td><td></td><td></td><td></td></tr>
<tr><td></td><td></td><td></td><td></td><td></td><td></td><td></td><td></td><td></td><td></td><td></td></tr>
<tr><td></td><td>小計</td><td></td><td></td><td></td><td></td><td></td><td></td><td></td><td></td><td></td></tr>
<tr><td colspan="11">截止日前
截止日期：
截止日後</td></tr>
<tr><td></td><td></td><td></td><td></td><td></td><td></td><td></td><td></td><td></td><td></td><td></td></tr>
<tr><td></td><td></td><td></td><td></td><td></td><td></td><td></td><td></td><td></td><td></td><td></td></tr>
<tr><td></td><td></td><td></td><td></td><td></td><td></td><td></td><td></td><td></td><td></td><td></td></tr>
</table>

編製說明：本表適用於材料採購/在途物資、原材料、在產品、庫存商品等。

審計說明：

存貨明細帳與盤點報告（記錄）核對表

被審計單位：________________　　索引號：________________

項目：________________　　財務報表截止日/期間：________________

編製人：________________　　復核人：________________

日期：________________　　日期：________________

一、從明細帳中選取具有代表性的樣本將明細帳上的存貨數量與經確認盤點報告的數量核對

序號	索引號	倉庫	樣本描述		期末存貨明細帳記錄			獲取的存貨清單	經確認的期末存貨盤點表	數量差異④=①-②或②-③	差異分析及處理
			存貨類別	存貨型號	單價	數量①	金額	數量②	數量③		

二、從經確認的盤點報告中抽取有代表性的樣本將盤點報告的數量與存貨明細帳核對

序號	索引號	樣本描述		倉庫	經確認的期末存貨盤點表	期末存貨明細帳記錄			被審計單位提供的存貨清單的數量③	數量差異④=①-②或①-③	差異分析及處理
		存貨類別	存貨型號		數量①	單價	數量②	金額			

編製說明：本表適用於監盤日（盤點日）為財務報表截止日的情況。

監盤人員簽名__________

審計說明：

存貨跌價準備測試表

被審計單位：________ 索引號：________

項目：________ 財務報表截止日/期間：________

編製人：________ 復核人：________

日期：________ 日期：________

序號	存貨明細項目	期末餘額	索引號	期末應計提跌價準備	期末已計提跌價準備	差異
合計						

審計說明：

固定資產實質性程序

固定資產審定表

被審計單位：＿＿＿＿＿＿＿＿　索引號：＿＿＿＿＿＿＿＿

項目：＿＿＿＿＿＿＿＿　財務報表截止日/期間：＿＿＿＿＿＿＿＿

編製人：＿＿＿＿＿＿＿＿　復核人：＿＿＿＿＿＿＿＿

日期：＿＿＿＿＿＿＿＿　日期：＿＿＿＿＿＿＿＿

項目名稱	期末審定數	帳項調整		重分類調整		期末未審數	索引號
		借方	貸方	借方	貸方		
調整分錄							
內容	科目	金額	金額	金額	金額		

審計結論：

固定資產、累計折舊及減值準備明細表

被審計單位：＿＿＿＿＿＿＿＿　索引號：＿＿＿＿＿＿＿＿

項目：＿＿＿＿＿＿＿＿　財務報表截止日/期間：＿＿＿＿＿＿＿＿

編製人：＿＿＿＿＿＿＿＿　復核人：＿＿＿＿＿＿＿＿

日期：＿＿＿＿＿＿＿＿　日期：＿＿＿＿＿＿＿＿

項目名稱	期初餘額	本期增加	本期減少	期末餘額	備註

編製說明：備註欄可填列固定資產的使用年限、剩餘使用年限、殘值率和年折舊率等情況。

審計說明：

固定資產盤點檢查情況表

被審計單位：______________________　索引號：______________________

項目：______________________　財務報表截止日/期間：______________

編製人：______________________　復核人：______________________

日期：______________________　日期：______________________

序號	名稱	計量單位	帳面結存		實際盤點		盈虧（+、-）		備註
			數量	金額	數量	金額	數量	金額	

檢查地點：　　　　檢查時間：　　　　檢查人：　　　　盤點檢查比例：

審計說明：

固定資產增加檢查表

被審計單位：________ 索引號：________

項目：________ 財務報表截止日/期間：________

編製人：________ 復核人：________

日期：________ 日期：________

固定資產名稱	取得日期	取得方式	固定資產類別	增加情況		憑證號	核對內容（用"√"、"×"表示）							
				數量	原價		1	2	3	4	5	6	7	8

核對內容說明：1. 與發票是否一致；2. 與付款單據是否一致；3. 與購買/建造合同是否一致；4. 與驗收報告或評估報告等是否一致；5. 審批手續是否齊全；6. 與在建工程轉出數核對是否一致；7. 會計處理是否正確（入帳日期和入帳金額）。

審計說明：

固定資產減少檢查表

被審計單位：________ 索引號：________

項目：________ 財務報表截止日/期間：________

編製人：________ 復核人：________

日期：________ 日期：________

固定資產名稱	取得日期	處置方式	處置日期	固定資產原價	累計折舊	減值準備	帳面價值	處置收入	淨損益	索引號	核對內容（用“√”、“×”表示）				
											1	2	3	4	5
核對內容說明：1. 與收款單據是否一致；2. 與合同是否一致；3. 審批手續是否完整；4. 會計處理是否正確；5. ……															

審計說明：

折舊計算與分配檢查表

被審計單位：＿＿＿＿＿＿ 索引號：＿＿＿＿＿＿

項目：＿＿＿＿＿＿ 財務報表截止日/期間：＿＿＿＿＿＿

編製人：＿＿＿＿＿＿ 復核人：＿＿＿＿＿＿

日期：＿＿＿＿＿＿ 日期：＿＿＿＿＿＿

固定資產名稱	預計使用壽命（年）	已使用年限（月）	應計折舊的固定資產原值	殘值率 %	累計折舊期初餘額	減值準備期初餘額	本期應提折舊	本期已提折舊	差異

審計說明：

遞延所得稅資產實質性程序

遞延所得稅資產審定表

被審計單位：________________ 索引號：________________

項目：________________ 財務報表截止日/期間：________________

編製人：________________ 復核人：________________

日期：________________ 日期：________________

項目名稱	期末未審數	帳項調整		重分類調整		期末審定數	上期末審定數	索引號
		借方	貸方	借方	貸方			
調整分錄								
內容	科目	金額	金額	金額	金額			

審計結論：

遞延所得稅資產測算表

被審計單位：______________ 索引號：______________

項目：______________ 財務報表截止日/期間：______________

編製人：______________ 復核人：______________

日期：______________ 日期：______________

項目	期末未審數 ①	遞延所得稅資產期末帳面餘額計算					期初餘額 ⑦	遞延所得稅費用（收益）⑧	差異 ⑨=⑥-①
		帳面價值 ②	計稅基礎 ③	可抵扣差異 ④	稅率 ⑤	帳面餘額 ⑥=④×⑤			

審計說明：

短期借款實質性程序

短期借款審定表

被審計單位：__________ 索引號：__________

項目：__________ 財務報表截止日/期間：__________

編製人：__________ 復核人：__________

日期：__________ 日期：__________

項目名稱	上期末審定數	帳項調整		重分類調整		期末審定數	期末未審數	索引號
		借方	貸方	借方	貸方			
調整分錄								
內容	科目	金額	金額	金額	金額			
合計								

審計結論：

短期借款明細表

被審計單位：＿＿＿＿＿＿＿＿ 索引號：＿＿＿＿＿＿＿＿

項目：＿＿＿＿＿＿＿＿ 財務報表截止日/期間：＿＿＿＿＿＿＿＿

編製人：＿＿＿＿＿＿＿＿ 復核人：＿＿＿＿＿＿＿＿

日期：＿＿＿＿＿＿＿＿ 日期：＿＿＿＿＿＿＿＿

貸款銀行	借款期限		期初餘額		本期增加			本期歸還		期末餘額		本期應計利息	本期實計利息	差異	借款條件	借款用途	備註
	借款日	約定還款日	利率	本金	日期	利率	本金	日期	本金	利率	本金						
合計																	

編製說明：外幣短期借款應列明原幣金額及折算匯率。

審計說明：

借款利息測算表

被審計單位：＿＿＿＿＿＿ 索引號：＿＿＿＿＿＿

項目：＿＿＿＿＿＿ 財務報表截止日/期間：＿＿＿＿＿＿

編製人：＿＿＿＿＿＿ 復核人：＿＿＿＿＿＿

日期：＿＿＿＿＿＿ 日期：＿＿＿＿＿＿

貸款銀行	本金	本期計息期	年利率	本期應計利息	利息（實際利息）分配數						核對是否正確	差異原因
					財務費用	在建工程	製造費用	研發支出	…	合計		
合計												

審計說明：

應付帳款實質性程序

應付帳款審定表

被審計單位：______________________ 索引號：______________________

項目：______________________ 財務報表截止日/期間：______________________

編製人：______________________ 復核人：______________________

日期：______________________ 日期：______________________

項目名稱	上期末審定數	帳項調整		重分類調整		期末審定數	期末未審數	索引號
		借方	貸方	借方	貸方			
調整分錄								
內容	科目	金額	金額	金額	金額			

審計結論：

應付帳款明細表

被審計單位：______________________ 索引號：______________________

項目：______________________ 財務報表截止日/期間：______________

編製人：______________________ 復核人：______________________

日期：______________________ 日期：______________________

單位名稱	期初餘額	本期借方	本期貸方	期末餘額	備註
一、關聯方					
小計					
二、非關聯方					
小計					
合計					

審計說明：

應付帳款核對表

被審計單位：＿＿＿＿＿＿＿＿ 索引號：＿＿＿＿＿＿＿＿

項目：＿＿＿＿＿＿＿＿ 財務報表截止日/期間：＿＿＿＿＿＿＿＿

編製人：＿＿＿＿＿＿＿＿ 復核人：＿＿＿＿＿＿＿＿

日期：＿＿＿＿＿＿＿＿ 日期：＿＿＿＿＿＿＿＿

序號	明細帳憑證			摘要	入庫單日期			購貨發票			入庫單與發票核對情況	明細帳與發票核對情況
	編號	日期	金額		編號	日期	金額	日期	供應商名稱	金額		
1												
2												
3												
4												

核對要點：

1. 入庫單中的貨物名稱、數量、單價及金額與購貨發票核對是否一致；
2. 記帳憑證內容與購貨發票核對是否一致。

審計說明：

預收款項實質性程序

預收款項審定表

被審計單位：________________ 索引號：________________

項目：________________ 財務報表截止日/期間：________________

編製人：________________ 復核人：________________

日期：________________ 日期：________________

項目名稱	期末審定數	帳項調整		重分類調整		期末審定數	上期末審定數	索引號
		借方	貸方	借方	貸方			
一、關聯方								
小計								
二、非關聯方								
合計								
調整分錄								
內容	科目	金額	金額	金額	金額			

審計結論：

預收帳款明細表

被審計單位：＿＿＿＿＿＿＿＿　索引號：＿＿＿＿＿＿＿＿

項目：＿＿＿＿＿＿＿＿　財務報表截止日/期間：＿＿＿＿＿＿＿＿

編製人：＿＿＿＿＿＿＿＿　復核人：＿＿＿＿＿＿＿＿

日期：＿＿＿＿＿＿＿＿　日期：＿＿＿＿＿＿＿＿

單位名稱	借方餘額	貸方餘額	備註
一、關聯方			
小計			
二、非關聯方			
小計			
合　計			

審計說明：

應付職工薪酬實質性程序

應付職工薪酬審定表

被審計單位：＿＿＿＿＿＿＿＿＿＿ 索引號：＿＿＿＿＿＿＿＿＿＿

項目：＿＿＿＿＿＿＿＿＿＿ 財務報表截止日/期間：＿＿＿＿＿＿＿＿＿＿

編製人：＿＿＿＿＿＿＿＿＿＿ 復核人：＿＿＿＿＿＿＿＿＿＿

日期：＿＿＿＿＿＿＿＿＿＿ 日期：＿＿＿＿＿＿＿＿＿＿

項目名稱	上期審定數	帳項調整		重分類調整		期末審定數	期末未審數	索引號
		借方	貸方	借方	貸方			
合　計								
調整分錄								
內容	科目	金額	金額	金額	金額			

審計結論：

應付職工薪酬明細表

被審計單位：＿＿＿＿＿＿＿＿ 索引號：＿＿＿＿＿＿＿＿

項目：＿＿＿＿＿＿＿＿ 財務報表截止日/期間：＿＿＿＿＿＿＿＿

編製人：＿＿＿＿＿＿＿＿ 復核人：＿＿＿＿＿＿＿＿

日期：＿＿＿＿＿＿＿＿ 日期：＿＿＿＿＿＿＿＿

項目名稱	期初數	本期增加	本期減少	期末數	備註
合計					

審計說明：

應交稅費實質性程序

應交稅費審定表

被審計單位：________________　索引號：________________

項目：________________　財務報表截止日/期間：________________

編製人：________________　復核人：________________

日期：________________　日期：________________

項目名稱	上期末審定數	帳項調整		重分類調整		期末審定數	期末未審數	索引號
		借方	貸方	借方	貸方			
合計								
調整分錄								
內容	科目	金額	金額	金額	金額			

審計結論：

應交稅費明細表

被審計單位：＿＿＿＿＿＿＿＿＿＿ 索引號：＿＿＿＿＿＿＿＿＿＿

項目：＿＿＿＿＿＿＿＿＿＿ 財務報表截止日/期間：＿＿＿＿＿＿＿＿＿＿

編製人：＿＿＿＿＿＿＿＿＿＿ 復核人：＿＿＿＿＿＿＿＿＿＿

日期：＿＿＿＿＿＿＿＿＿＿ 日期：＿＿＿＿＿＿＿＿＿＿

項目名稱	期初餘額	本期增加數	本期減少數	期末餘額
合計				

審計說明：

應交增值稅銷項稅金測算表

被審計單位：______________________ 索引號：______________________

項目：______________________ 財務報表截止日/期間：______________

編製人：______________________ 復核人：______________________

日期：______________________ 日期：______________________

<table>
<tr><th>項目</th><th>銷售品種</th><th>收入</th><th>稅率</th><th>應交增值稅——銷項稅金</th></tr>
<tr><td colspan="5">一、測算數</td></tr>
<tr><td rowspan="5"></td><td></td><td></td><td></td><td></td></tr>
<tr><td></td><td></td><td></td><td></td></tr>
<tr><td></td><td></td><td></td><td></td></tr>
<tr><td></td><td></td><td></td><td></td></tr>
<tr><td colspan="3">小計</td><td></td></tr>
<tr><td rowspan="5"></td><td></td><td></td><td></td><td></td></tr>
<tr><td></td><td></td><td></td><td></td></tr>
<tr><td></td><td></td><td></td><td></td></tr>
<tr><td></td><td></td><td></td><td></td></tr>
<tr><td colspan="3">小計</td><td></td></tr>
<tr><td rowspan="4"></td><td></td><td></td><td></td><td></td></tr>
<tr><td></td><td></td><td></td><td></td></tr>
<tr><td></td><td></td><td></td><td></td></tr>
<tr><td colspan="3">小計</td><td></td></tr>
<tr><td rowspan="4"></td><td></td><td></td><td></td><td></td></tr>
<tr><td></td><td></td><td></td><td></td></tr>
<tr><td></td><td></td><td></td><td></td></tr>
<tr><td colspan="3">小計</td><td></td></tr>
<tr><td colspan="4">合　計</td><td></td></tr>
<tr><td colspan="4">二、未審數</td><td></td></tr>
<tr><td colspan="4">三、差異額</td><td></td></tr>
<tr><td colspan="4">四、差異率　（三÷二）</td><td></td></tr>
<tr><td colspan="4">差異分析：</td><td></td></tr>
</table>

審計說明：

長期借款實質性程序

長期借款審定表

被審計單位：________________ 索引號：________________

項目：________________ 財務報表截止日/期間：________________

編製人：________________ 復核人：________________

日期：________________ 日期：________________

項目名稱	上期末審定數	帳項調整		重分類調整		期末審定數	期末未審數	索引號
		借方	貸方	借方	貸方			
合計								
調整分錄								
內容	科目	金額	金額	金額	金額			

審計結論：

長期借款明細表

被審計單位：＿＿＿＿＿ 索引號：＿＿＿＿＿

項目：＿＿＿＿＿ 財務報表截止日/期間：＿＿＿＿＿

編製人：＿＿＿＿＿ 復核人：＿＿＿＿＿

日期：＿＿＿＿＿ 日期：＿＿＿＿＿

貸款銀行	借款期限		期初餘額		本期增加			本期歸還		期末餘額		本期應計利息	本期實計利息	差異	借款條件	借款用途	備註
	借款日	約定還款日	利率	本金	日期	利率	本金	日期	本金	利率	本金						
合計																	

審計說明：

營業收入實質性程序

營業收入審定表

被審計單位：＿＿＿＿＿＿＿＿＿＿　索引號：＿＿＿＿＿＿＿＿＿＿

項目：＿＿＿＿＿＿＿＿＿＿　財務報表截止日/期間：＿＿＿＿＿＿＿＿＿＿

編製人：＿＿＿＿＿＿＿＿＿＿　復核人：＿＿＿＿＿＿＿＿＿＿

日期：＿＿＿＿＿＿＿＿＿＿　日期：＿＿＿＿＿＿＿＿＿＿

項目名稱	上期末審定數	帳項調整		本期審定數	本期未審數	索引號
		借方	貸方			
調整分錄：						
內容	科目	金額	金額	金額	金額	

審計結論：

主營業務收入明細表

被審計單位：________________ 索引號：________________

項目：________________ 財務報表截止日/期間：________________

編製人：________________ 復核人：________________

日期：________________ 日期：________________

月份	主營業務收入明細項目								
	合計								
合計									
上期數									
變動額									
變動比例									

審計說明：

主營業務收入截止測試

被審計單位：＿＿＿＿＿＿ 索引號：＿＿＿＿＿＿

項目：＿＿＿＿＿＿ 財務報表截止日/期間：＿＿＿＿＿＿

編製人：＿＿＿＿＿＿ 復核人：＿＿＿＿＿＿

日期：＿＿＿＿＿＿ 日期：＿＿＿＿＿＿

從發貨單到明細帳

編號	發貨單		發票內容					明細帳				是否跨期“√”/“×”
	日期	號碼	日期	客戶名稱	貨物名稱	銷售額	稅額	日期	憑證號	主營業務收入	應交稅金	
1												
2												
3												
4												
截止日前 截止日期： 截止日後												
1												
2												
3												

審計說明：

主營業務收入截止測試

被審計單位：______________ 索引號：______________

項目：______________ 財務報表截止日/期間：______________

編製人：______________ 復核人：______________

日期：______________ 日期：______________

從發票到明細帳

編號	發票內容					發貨單		明細帳				是否跨期 “√” / “×”
	日期	客戶名稱	貨物名稱	銷售額	稅額	日期	號碼	日期	憑證號	主營業務收入	應交稅金	
1												
2												

截止日前
截止日期：
截止日後

1												

審計說明：

主營業務收入截止測試

被審計單位：＿＿＿＿＿＿＿＿ 索引號：＿＿＿＿＿＿＿＿

項目：＿＿＿＿＿＿＿＿ 財務報表截止日/期間：＿＿＿＿＿＿＿＿

編製人：＿＿＿＿＿＿＿＿ 復核人：＿＿＿＿＿＿＿＿

日期：＿＿＿＿＿＿＿＿ 日期：＿＿＿＿＿＿＿＿

從明細帳到發貨單

編號	明細帳				發票內容					發貨單		是否跨期“√”/“×”
	日期	憑證號	主營業務收入	應交稅金	日期	客戶名稱	貨物名稱	銷售額	稅額	日期	號碼	
1												
2												
3												
4												
截止日前 截止日期： 截止日後												
1												
2												
3												
4												

審計說明：

營業成本實質性程序

營業成本審定表

被審計單位：______________________ 索引號：______________________

項目：______________________ 財務報表截止日/期間：______________________

編製人：______________________ 復核人：______________________

日期：______________________ 日期：______________________

項目名稱	上期審定數	帳項調整		本期審定數	本期未審數	索引號
		借方	貸方			
調整分錄						
內容	科目	金額	金額	金額	金額	

審計結論：

主營業務成本明細表

被審計單位：______________________ 索引號：______________________

項目：______________________ 財務報表截止日/期間：______________________

編製人：______________________ 復核人：______________________

日期：______________________ 日期：______________________

月份	主營業務成本明細項目								
	合計								
合計									
上期數									
變動額									
變動比例									

審計說明：

主營業務成本倒軋表

被審計單位：________________ 索引號：________________

項目：________________ 財務報表截止日/期間：________________

編製人：________________ 復核人：________________

日期：________________ 日期：________________

存貨種類	索引號	調整或重分類		審定數	未審數
		借或貸	金額		
期初原材料餘額					
加：本期購貨淨額					
減：期末原材料餘額					
減：其他原材料發出額					
直接材料成本					
加：直接人工成本					
加：製造費用					
產品生產成本					
加：在產品期初餘額					
減：在產品期末餘額					
減：其他在產品發出額					
庫存商品成本					
加：庫存商品期初餘額					
減：庫存商品期末餘額					
減：其他庫存商品發出額					
主營業務成本					

審計說明：

其他業務成本明細表

被審計單位：________________ 索引號：________________

項目：________________ 財務報表截止日/期間：________________

編製人：________________ 復核人：________________

日期：________________ 日期：________________

種類	本期數		上期數	
	金額	結構比	金額	結構比
合計				

審計說明：

主營業務成本倒軋表

被審計單位：＿＿＿＿＿＿＿＿＿＿＿＿　索引號：＿＿＿＿＿＿＿＿＿＿＿＿

項目：＿＿＿＿＿＿＿＿＿＿＿＿　財務報表截止日/期間：＿＿＿＿＿＿＿＿＿＿＿＿

編製人：＿＿＿＿＿＿＿＿＿＿＿＿　復核人：＿＿＿＿＿＿＿＿＿＿＿＿

日期：＿＿＿＿＿＿＿＿＿＿＿＿　日期：＿＿＿＿＿＿＿＿＿＿＿＿

存貨種類	未審數	調整或重分類		審定數	索引號
		借或貸	金額		
期初原材料餘額					
加：材料成本差異餘額					
加：本期購貨淨額					
減：期末原材料餘額					
減：材料成本差異餘額					
減：其他原材料發出額					
減：其他發出原材料分攤的材料成本差異					
直接材料成本					
加：直接人工成本					
加：製造費用					
產品生產成本					
加：在產品期初餘額					
減：在產品期末餘額					
減：其他在產品發出額					
庫存商品成本					
加：庫存商品期初餘額					
減：庫存商品期末餘額					
減：其他庫存商品發出額					
主營業務成本					

審計說明：

銷售費用實質性程序

銷售費用審定表

被審計單位：__________ 索引號：__________

項目：__________ 財務報表截止日/期間：__________

編製人：__________ 復核人：__________

日期：__________ 日期：__________

項目名稱	本期未審數	帳項調整		本期審定數	上期審定數	索引號
		借方	貸方			
調整分錄						
內容	科目	金額	金額			

審計結論：

銷售費用明細表（略）

銷售費用截止測試

被審計單位：＿＿＿＿＿＿＿＿ 索引號：＿＿＿＿＿＿＿＿

項目：＿＿＿＿＿＿＿＿ 財務報表截止日/期間：＿＿＿＿＿＿＿＿

編製人：＿＿＿＿＿＿＿＿ 復核人：＿＿＿＿＿＿＿＿

日期：＿＿＿＿＿＿＿＿ 日期：＿＿＿＿＿＿＿＿

日期	憑證號	內容	對應科目	金額	是否跨期"√"/"×"
截止日前 截止日期： 截止日後					

審計說明：

管理費用實質性程序

管理費用審定表

被審計單位：＿＿＿＿＿＿＿＿ 索引號：＿＿＿＿＿＿＿＿

項目：＿＿＿＿＿＿＿＿ 財務報表截止日/期間：＿＿＿＿＿＿＿＿

編製人：＿＿＿＿＿＿＿＿ 復核人：＿＿＿＿＿＿＿＿

日期：＿＿＿＿＿＿＿＿ 日期：＿＿＿＿＿＿＿＿

項目名稱	上期審定數	帳項調整		本期審定數	本期未審數	索引號
		借方	貸方			
調整分錄						
內容	科目	金額	金額			
合計						

審計結論：

管理費用明細表

被審計單位：________________ 索引號：________________

項目：________________ 財務報表截止日/期間：________________

編製人：________________ 復核人：________________

日期：________________ 日期：________________

月份	管理費用明細項目										
	合計										
上期數											
變動額											
變動比例											

審計說明：

管理費用檢查情況表

被審計單位：________________ 索引號：________________

項目：________________ 財務報表截止日/期間：________________

編製人：________________ 復核人：________________

日期：________________ 日期：________________

記帳日期	憑證號	業務內容	對應科目	金額	核對內容（用"√"、"×"表示）					備註
					1	2	3	4	5	

核對內容說明：1. 原始憑證是否齊全；2. 記帳憑證與原始憑證是否相符；3. 帳務處理是否正確；4. 是否記錄於恰當的會計期間。5. ……

審計說明：

管理費用截止測試

被審計單位：________________ 索引號：________________

項目：________________ 財務報表截止日/期間：________________

編製人：________________ 復核人：________________

日期：________________ 日期：________________

日期	憑證號	內容	對應科目	金額	是否跨期"√"/"×"
截止日前 截止日期： 截止日後					

審計說明：

資產減值損失實質性程序

資產減值損失審定表

被審計單位：________________________　　索引號：________________________

項目：________________________　　財務報表截止日/期間：________________________

編製人：________________________　　復核人：________________________

日期：________________________　　日期：________________________

項目名稱	上期審定數	帳項調整		本期審定數	本期未審數	索引號
		借方	貸方			
合　計						
調整分錄						
內容	科目	金額	金額			

審計結論：

資產減值損失明細表

被審計單位：________________　索引號：________________

項目：________________　財務報表截止日/期間：________________

編製人：________________　復核人：________________

日期：________________　日期：________________

項目	未審數	調整數(+或-)	審定數	備註
合計				

審計說明：

所得稅費用實質性程序

所得稅費用審定表

被審計單位：＿＿＿＿＿＿＿＿ 索引號：＿＿＿＿＿＿＿＿

項目：＿＿＿＿＿＿＿＿ 財務報表截止日/期間：＿＿＿＿＿＿＿＿

編製人：＿＿＿＿＿＿＿＿ 復核人：＿＿＿＿＿＿＿＿

日期：＿＿＿＿＿＿＿＿ 日期：＿＿＿＿＿＿＿＿

項目名稱	本期 未審數	帳項調整		本期 審定數	上期 審定數	索引號
		借方	貸方			
合計						
調整分錄						
內容	科目	金額	金額			

審計結論：

所得稅費用明細表

被審計單位：________________ 索引號：________________

項目：________________ 財務報表截止日/期間：________________

編製人：________________ 復核人：________________

日期：________________ 日期：________________

項目	未審數	調整數	審定數	備註
一、當期所得稅費用				
二、遞延所得稅費用（收益）				
合計				

審計說明：

遞延所得稅費用計算表

被審計單位：________________ 索引號：________________

項目：________________ 財務報表截止日/期間：________________

編製人：________________ 復核人：________________

日期：________________ 日期：________________

項目		上期 審定數 ①	本期 審定數 ②	本期 增加數 ③	本期 減少數 ④	遞延所得稅費用 （減：收益） ⑤	索引號	備註
合計								
	1.							
	2.							
	3.							
	…							
	合計							
	1.							
	2.							
	3.							
	…							
	合計							
	1.							
	2.							
	3.							
	…							

編製說明：

（1）遞延所得稅資產的增加表示遞延所得稅收益，遞延所得稅資產的減少表示遞延所得稅費用；

（2）遞延所得稅負債的增加表示遞延所得稅費用，遞延所得稅負債的減少表示遞延所得稅收益；

（3）通過本期審定數①與上期審定數②的比較計算得出本期增加③或本期減少④；

（4）抵減部分填列遞延所得稅資產/負債的變化不影響當期損益的變化的特殊交易或事項。

審計說明：

業務完成階段工作底稿

帳項調整分錄匯總表

被審計單位：________________　索引號：________________

項目：________________　財務報表截止日/期間：________________

編製人：________________　復核人：________________

日期：________________　日期：________________

序號	內容及說明	索引號	調整內容				備註
			借方項目	借方金額	貸方項目	貸方金額	

續表

序號	內容及說明	索引號	調整內容				備註
			借方項目	借方金額	貸方項目	貸方金額	

與被審計單位的溝通：

參加人員：

被審計單位：____________________ 審計項目組：____________________

被審計單位的意見：____

結論：

是否同意上述審計調整：____________________

被審計單位授權代表簽字：____________________ 日期：____________________

重分類調整分錄匯總表

被審計單位：______________________ 索引號：______________________

項目：______________________ 財務報表截止日/期間：______________

編製人：______________________ 復核人：______________________

日期：______________________ 日期：______________________

序號	內容及說明	索引號	調整項目和金額			
			借方項目	借方金額	貸方項目	貸方金額

與被審計單位的溝通：

參加人員：

被審計單位：______________________________

審計項目組：______________________________

被審計單位的意見：__________________________

結論：

是否同意上述審計調整：________________

被審計單位授權代表簽字：______________ 日期：____________

未更正錯報匯總表

被審計單位：________________ 索引號：________________

項目：________________ 財務報表截止日/期間：________________

編製人：________________ 復核人：________________

日期：________________ 日期：________________

序號	內容及說明	索引號	未調整內容				備註
			借方項目	借方金額	貸方項目	貸方金額	

未更正錯報的影響：

項目	金額	百分比	計劃百分比
1. 總資產	________	________	________
2. 淨資產	________	________	________
3. 銷售收入	________	________	________
4. 費用總額	________	________	________
5. 毛利	________	________	________
6. 淨利潤	________	________	________

結論：

被審計單位授權代表簽字：________________ 日期：________________

資產負債表試算平衡表

被審計單位：＿＿＿＿＿＿　索引號：＿＿＿＿＿＿

項目：＿＿＿＿＿＿　財務報表截止日/期間：＿＿＿＿＿＿

編製人：＿＿＿＿＿＿　復核人：＿＿＿＿＿＿

日期：＿＿＿＿＿＿　日期：＿＿＿＿＿＿

項　目	期末未審數	帳項調整		重分類調整		期末審定數	項目	期末未審數	帳項調整		重分類調整		期末審定數
		借方	貸方	借方	貸方				借方	貸方	借方	貸方	
貨幣資金							短期借款						
交易性金融資產							交易性金融負債						
應收票據							應付票據						
應收帳款							應付帳款						
預付款項							預收款項						
應收利息							應付職工薪酬						
應收股利							應交稅費						
其他應收款							應付利息						
存貨							應付股利						
一年內到期的非流動資產							其他應付款						
其他流動資產							一年內到期的非流動負債						

續表

項目	期末未審數	帳項調整		重分類調整		期末審定數	項目	期末未審數	帳項調整		重分類調整		期末審定數
		借方	貸方	借方	貸方				借方	貸方	借方	貸方	
可供出售金融資產							其他流動負債						
持有至到期投資							流動負債合計						
長期應收款							長期借款						
長期股權投資							應付債券						
投資性房地產							長期應付款						
固定資產							專項應付款						
在建工程							預計負債						
工程物資							遞延所得稅負債						
固定資產清理							其他非流動負債						
無形資產							長期負債合計						
研發支出							實收資本（或股本）						
商譽							資本公積						
長期待攤費用							盈餘公積						
遞延所得稅資產							未分配利潤						
其他非流動資產							所有者權益合計						
合　計							合　計						

利潤表試算平衡表

被審計單位：________________　索引號：________________

項目：________________　財務報表截止日/期間：________________

編製人：________________　復核人：________________

日期：________________　日期：________________

項目		未審數	調整金額		審定數	索引號
			借方	貸方		
一	營業收入					
	減：營業成本					
	營業稅金及附加					
	銷售費用					
	管理費用					
	財務費用					
	資產減值損失					
	加：公允價值變動損益					
	投資收益					
二	營業利潤					
	加：營業外收入					
	減：營業外支出					
三	利潤總額					
	減：所得稅費用					
四	淨利潤					

國家圖書館出版品預行編目(CIP)資料

財務報表審計模擬實訓 / 張琴 主編. -- 第二版.
-- 臺北市 : 崧博出版 : 財經錢線文化發行, 2018.10

面 ; 公分

ISBN 978-957-735-614-7(平裝)

1.會計報表

495.47 107017333

書　名：財務報表審計模擬實訓
作　者：張琴 主編
發行人：黃振庭
出版者：崧博出版事業有限公司
發行者：財經錢線文化事業有限公司
E-mail：sonbookservice@gmail.com
粉絲頁　　網　址：
地　址：台北市中正區延平南路六十一號五樓一室
8F.-815, No.61, Sec. 1, Chongqing S. Rd., Zhongzheng Dist., Taipei City 100, Taiwan (R.O.C.)
電　話：(02)2370-3310 傳　真：(02) 2370-3210
總經銷：紅螞蟻圖書有限公司
地　址：台北市內湖區舊宗路二段 121 巷 19 號
電　話：02-2795-3656　傳真：02-2795-4100　網址：
印　刷：京峯彩色印刷有限公司（京峰數位）

定價：400元
發行日期：2018 年 10 月第二版
◎ 本書以POD印製發行